市場環境、經營戰略與業績評價：
作用機理與經濟後果

諸 波 著

財經錢線

序

　　隨著經濟全球化和一體化進程的加快，中國企業也正逐步融入全球競爭市場中，提升中國企業的國際市場競爭力是所有企業必須面對的一項課題。中國企業傳統的粗放式經營模式已經不再適應新的經濟環境，在市場競爭異常激烈的環境中，中國企業必須從傳統的低效率、粗放式的管理模式向高效率、精細化的管理模式轉變。只有切實提高企業的經營管理水平，中國企業才有參與國際市場的競爭力，才能從根本上轉變中國經濟發展方式，為中國經濟發展注入可持續發展的動力。管理的重心在經營，經營的重心在決策。提高企業管理水平的重心就在於改善中國企業經營決策機制，高效、準確地進行市場判斷，並做出正確的經營決策。企業作為市場經濟的主體，企業管理層要做出正確的經營決策，必須建立在高質量的管理決策信息基礎之上，而管理會計就是以提供對內管理決策信息為目的的信息系統。因此，我們必須重視管理會計系統對企業管理決策的重要影響和在企業管理中的重要作用。作為企業管理會計系

统的一个核心子系统,业绩评价系统能够有效促进和保障企业经营战略的实现。据此,本书重点探讨业绩评价指标选择的影响因素与经济后果。

业绩评价系统包括业绩评价目标、业绩评价指标、业绩评价标准和业绩评价方法等。其中,业绩评价指标的选择是组织面临的最关键挑战之一。业绩评价涉及两个问题:一是用什么指标评价企业的经营绩效?二是这些评价指标如何与企业的战略相联系?离开了战略,企业经营业绩的好坏难以评判。由此可见,业绩评价指标的选择及其与企业战略的匹配对建立一个运行良好的业绩评价系统的重要性。具体来说,本书主要研究两个问题,一是业绩评价指标选择的影响因素;二是业绩评价指标选择的业绩后果及其作用机制。安东尼将企业控制划分为战略控制、管理控制与营运控制三个层次,战略控制是一个制定战略的过程,管理控制是一个实施战略的过程。业绩评价系统的目标是促进战略的实施,是战略实施的支持系统。企业需要根据环境的变化制定战略,并通过设计相应的管理控制系统以实施战略。战略的制定受到企业所处环境的影响,只有根据企业所处的实际环境才能制定合理的战略,合理的战略与对应的业绩评价系统匹配才能产生高的业绩。

目前关于业绩评价的中文文献主要探讨业绩指标的设置,有少量的实证文章分析非财务指标的业绩后果。从外文文献来看,国外对战略与业绩评价关系的研究比较多,理论也相对比较成熟,主要从代理理论和权变理论的角度对三者之间的关系进行检验。代理理论主张业绩评价指标的多元化,权变理论主张业绩评价指标必须与权变因素相匹配才能产生高的企业业绩。已有文献主要基于国外私营企业样本进行分析,其较少受到政府的干预,企业能够以独立的法人个体进行经营管理。但是,在中国存在大量国有企业,不能以一个独立的法人身分进行经

營，國有企業很多時候是作為政府的代理人去執行政府職能的。那麼在這種制度環境下，國有企業與民營企業在業績指標選擇的影響因素與經濟後果方面存在差別嗎？這是分類檢驗需要回答的問題。本書將打通環境、戰略、管理控制系統與業績之間的關係，沿著「環境→戰略→業績評價→業績」的邏輯路徑進行研究。

全書共分八章，具體安排如下：

第一章：導論。通過分析中國企業的內部管理水平，引出本書的研究話題，介紹本研究的重要意義。重點闡述本書的研究方法和研究內容，勾勒本書的基本框架，明確本書可能的創新點。

第二章：文獻綜述。本章從業績評價指標選擇的影響因素與經濟後果兩個方面對國內外文獻進行全面梳理，並從代理理論和權變理論兩個視角梳理業績評價指標選擇的經濟後果，評述現有文獻的不足之處，掌握該領域的研究前沿，為後續的研究設計打下基礎。

第三章：制度背景與理論基礎。本章系統梳理中外企業業績評價的發展歷程，為解釋中國企業業績評價指標選擇提供制度背景與理論依據，有助於我們深入瞭解中國企業業績評價實踐發展的政治與經濟力量。著重介紹本研究的理論基礎——代理理論、權變理論與管理控制理論，為分析中國企業業績評價指標選擇的影響因素與經濟後果提供理論依據。

第四章：數據採集與分析。本章介紹調查問卷的設計過程、調查問卷的發放與回收過程、樣本數據的基本特徵及其數據分析方法。為了全面展現研究樣本的適當性，詳細描述了被調查企業和問卷填答者的基本特徵，並重點闡述仲介變量模型和調節變量模型的原理與使用方法，為後續的實證研究提供方法論支持。

第五章：市場競爭程度、經營戰略與業績評價指標選擇。本章以權變理論為基礎，運用問卷調查數據實證檢驗業績評價指標選擇的影響因素。按照管理控制系統的理論思想，遵循「外部環境→戰略控制→管理控制」的邏輯路徑，本章選擇市場競爭程度和經營戰略作為業績評價指標選擇的影響因素，從理論層面深入分析市場競爭程度、經營戰略與業績評價指標選擇的理論關係，並運用問卷調查數據實證檢驗市場競爭程度、經營戰略與非財務指標採用程度這三個變量之間的數量關係。

第六章：業績指標多元化對企業業績的影響研究。本章以代理理論為基礎，實證檢驗業績指標多元化的業績後果。為了更加清晰地展現業績指標多元化的經濟後果，本書將企業業績劃分為三個不同層次的業績變量：內部經營業績、客戶與市場業績、財務業績，分別運用業績指標多元化變量對三個不同層次業績進行迴歸分析。進一步將研究樣本劃分為國有樣本與民營樣本，再次檢驗上述變量之間的關係。

第七章：經營戰略、業績評價與企業業績。本章以權變理論為視角，運用問卷調查數據實證檢驗經營戰略、業績指標選擇與企業業績三者之間的關係，將經營戰略作為業績指標採用程度與企業業績之間關係的調節變量。進一步將研究樣本劃分為國有樣本與民營樣本，再次檢驗經營戰略的調節作用。

第八章：研究結論、局限及展望。本章在以上各章理論分析與實證檢驗的基礎上，總結全文的主要研究結論，並分析本書存在的不足，進一步提出業績評價領域未來值得研究的方向。

通過理論分析和實證檢驗，本書發現：①國有企業的經營戰略在市場競爭程度與非財務指標採用程度的關係中起到完全仲介的作用，也就是說市場競爭程度對非財務指標採用程度的影響需要通過經營戰略這個仲介變量才能起作用，環境與戰略是具有遞進關係的權變變量。②業績指標多元化變量與三個業

績變量都呈顯著正相關關係，說明業績指標多元化確實能夠有效地降低代理人的代理成本，並且改善企業不同層次的業績。業績指標多元化對民營企業財務業績的改善程度要高於對國有企業財務業績的改善。③經營戰略與客觀非財務指標的匹配負向影響內部經營業績和財務業績，經營戰略與主觀非財務指標的匹配正向影響財務業績。國有企業樣本中經營戰略負向調節主觀非財務指標與內部經營業績的關係，而在民營企業樣本中並不存在這一關係；經營戰略對主觀非財務指標與財務業績關係的調節作用，在國有企業和民營企業樣本中具有截然相反的表現，國有企業樣本中表現為負向調節效應，民營企業樣本中表現為正向調節效應。

本書的創新點如下：

（1）本書實證檢驗了經營戰略作為市場競爭程度與業績評價指標選擇的仲介變量，推進了已有理論的發展。已有研究將市場競爭程度作為企業管理控制系統的權變因素，但是本書認為市場競爭程度對企業管理控制系統的影響，首先是通過對企業經營戰略的影響，進而傳導到企業內部管理控制系統。實證研究發現，國有企業樣本中經營戰略在市場競爭程度與非財務指標採用程度之間起到完全仲介作用，即市場競爭程度與經營戰略不是處於同一層次的權變因素，而是一個遞進的關係。

（2）本書基於中國特殊的制度背景，將研究樣本分為國有企業樣本和民營企業樣本並進行分類檢驗，有利於更加深入地認識中國企業的管理會計實踐。由於中國特殊的制度背景，國外已有的經驗研究結論並不一定能夠解釋中國企業的特有現象。在中國，國有企業肩負一定的社會職能，存在預算軟約束、所有者缺位等問題，其參與市場競爭的程度不高。這與西方國家私有企業所處行業的市場競爭程度有本質的區別，那麼西方文獻所得出的研究結論就可能不適應中國的制度環境。然而，國

內已有的研究幾乎沒有考慮中國國有企業的特殊情況，而是將兩種完全不同性質的企業樣本合併在一起進行實證檢驗，不利於對研究結論的解讀。本書正是基於上述的理論思考，根據中國的制度環境，將問卷調查得到的研究數據分為兩個樣本：一個是國有企業樣本；一個是民營企業樣本。實證研究發現確實證明了兩種樣本表現出較大的差別，有助於更加準確地解讀中國企業的管理會計現象。

（3）本書打通了環境、戰略、管理控制系統與企業業績之間的邏輯關係，沿著「環境→戰略→業績評價→企業業績」的邏輯路徑進行研究。企業戰略是對企業外部環境的反應，管理控制系統對企業經營戰略做出反應並且實施戰略，最後對企業業績產生影響。已有研究沿著「環境→業績評價→業績」或「戰略→業績評價→業績」等路徑進行理論分析和實證檢驗，本書彌補了已有文獻將環境、戰略與管理控制系統割裂開來研究的缺陷，將環境、戰略與業績評價系統進行有機整合，並考察其業績後果，有助於更好地理解企業外部環境對企業業績的作用路徑，實現企業內外環境作用機制的一體化研究。

目 錄

1　導論　1

1.1　研究背景與研究意義　2
　1.1.1　研究背景　2
　1.1.2　研究意義　7
1.2　本書研究內容與框架　9
1.3　研究方法　16
1.4　本書可能的創新點　17

2　文獻綜述　21

2.1　業績評價指標選擇的影響因素　22
2.2　業績評價指標選擇的經濟後果　26
　2.2.1　代理理論視角　27
　2.2.2　權變理論視角　29
2.3　本章小結　31

3 制度背景與理論基礎 33

3.1 西方企業業績評價的歷史演進 34
- 3.1.1 成本業績評價時期（19世紀初-20世紀初） 35
- 3.1.2 財務業績評價時期（20世紀初-20世紀90年代） 37
- 3.1.3 戰略業績評價時期（20世紀90年代至今） 38

3.2 中國企業業績評價的發展歷程 42
- 3.2.1 實物量評價階段 46
- 3.2.2 產值和利潤評價階段 46
- 3.2.3 投資報酬率評價階段 47
- 3.2.4 經濟增加值評價階段 50

3.3 業績評價指標選擇的理論基礎 52
- 3.3.1 代理理論 52
- 3.3.2 權變理論 55
- 3.3.3 管理控制理論 58

3.4 本章小結 64

4 數據採集與分析 67

4.1 問卷設計 68
4.2 數據收集 71
4.3 數據特徵 72
- 4.3.1 樣本企業特徵 72
- 4.3.2 被調查者特徵 77

4.4 數據分析方法 81
- 4.4.1 仲介變量模型 81
- 4.4.2 調節變量模型 82

4.5 本章小結 84

5 市場競爭程度、經營戰略與業績評價指標選擇 87

5.1 理論分析與研究假設 88
5.2 研究設計 100
 5.2.1 模型設計 100
 5.2.2 變量測量 102
5.3 實證結果及分析 109
 5.3.1 因子分析結果 110
 5.3.2 描述性統計 112
 5.3.3 迴歸分析結果 113
5.4 分類檢驗 115
5.5 本章小結 117

6 業績指標多元化對企業業績的影響研究 119

6.1 理論分析與研究假設 120
6.2 研究設計 130
 6.2.1 模型設計 130
 6.2.2 變量測量 131
6.3 實證結果及分析 133
 6.3.1 因子分析結果 133
 6.3.2 描述性統計 136
 6.3.3 迴歸分析結果 137
6.4 分類檢驗 139
6.5 本章小結 140

7 經營戰略、業績評價與企業業績　143

7.1　理論分析與研究假設　144
7.2　研究設計　153
    7.2.1　模型設計　153
    7.2.2　變量測量　155
7.3　實證結果及分析　156
    7.3.1　描述性統計　156
    7.3.2　迴歸分析結果　157
7.4　分類檢驗　161
7.5　本章小結　163

8 研究結論、局限及展望　165

8.1　研究結論　166
8.2　研究局限　170
8.3　未來研究展望　172

參考文獻　175

附錄　186

後記　195

1 導 論

1.1 研究背景與研究意義

1.1.1 研究背景

　　隨著經濟全球化和一體化進程的加快，中國企業也正逐步融入全球競爭市場中，提升中國企業的國際市場競爭力是所有企業必須面對的一項課題。中國企業傳統的粗放式經營模式已經不再適應新的經濟環境，在市場競爭異常激烈的環境中中國企業必須從傳統的低效率、粗放式的管理模式向高效率、精細化的管理模式轉變。只有切實提高企業的經營管理水平，中國企業才有參與國際市場的競爭力，才能從根本上轉變中國經濟發展方式，為中國經濟發展注入可持續發展動力。由於處於轉型經濟中的中國企業所面臨的市場競爭不足，大量的國有企業處於壟斷行業和政府管制行業，主要依靠行業地位和政府扶持賺取高額利潤，導致其改善企業管理水平參與市場競爭的需求不足。然而，隨著中國市場的進一步開放，外資企業大量湧入中國市場，中國國有企業也逐漸面臨激烈的市場競爭壓力。國有企業的市場化改革步伐也進一步加快，未來中國企業的發展必須依靠管理水平的提升，在企業內部管理上「練內功」才能立於不敗之地。那麼中國企業的內部管理水平到底如何？該如何進一步提升中國企業的管理水平呢？管理的重心在經營，經營的重心在決策。提高企業管理水平的重心就在於改善中國企業經營決策機制，高效、準確地進行市場判斷，並做出正確的經營決策。企業作為市場經濟的主體，企業管理層要做出正確的經營決策，必須建立在高質量的管理決策信息基礎之上，而管理會計就是以提供對內管理決策信息為目的的信息系統。因

此我們必須重視管理會計系統對企業管理決策的重要影響和在企業管理中的重要作用。然而，在中國會計理論界和實務界，對財務會計的重視遠遠超過對管理會計的重視，使得管理會計實務發展創新和理論研究都落後於財務會計的發展。儘管市場經濟和金融市場的規範化發展離不開以對外披露財務信息為目標的財務會計，但市場經濟和金融市場的繁榮更需要以服務於企業管理為主的管理會計（胡玉明，2011）。只有高素質的企業，才能帶來市場經濟和金融市場的繁榮。本書無意探討整個管理會計系統對企業決策或企業績效的影響，而是從企業管理會計控制系統的一個側面捕捉中國企業管理會計實踐發展的現狀和存在的問題，以期為中國管理會計實務創新和理論研究提供一個討論的場景。管理會計控制系統本身是一個較大的概念，本書基於中國企業的管理實踐，集中探討管理會計控制系統中的一個核心子系統——業績評價系統。其主要基於以下兩點原因：一是中國國有企業改革過程中，財政部和國資委等國家部委陸續出抬一系列的國有企業績效評價規則，推動中國國有企業內部業績評價系統的改革，足以體現政府監管部門對企業績效評價體系的重視，也說明企業績效評價在企業管理實踐中的重要性；二是中國當前貧富差距逐漸拉大，體現在企業微觀層面就是企業的薪酬激勵制度的不合理，而業績評價是企業薪酬制度設計的基礎，業績評價系統設計的合理性和公平性不僅有利於實現薪酬分配的公平化，還能激發員工的積極性為企業創造更多的價值。基於上述兩點，本書選擇業績評價系統作為本書研究的核心話題。李蘋莉、寧超（2000）認為按照業績評價的主體和目的的不同，業績評價可以分為以下四個層次：從投資者角度對作為投資對象的企業價值分析；政府部門所進行的以企業所提供的稅金、就業機會、職工的社會福利、環境保護等為主要內容的社會貢獻評價；資源提供者對於經營者業績的

評價；經營者所進行的內部管理業績評價。從管理會計的研究角度來看，主要探討企業內部管理會計信息系統問題，因此本書的業績評價定位為企業高層管理者對中層管理者的評價與中層管理者對一線員工的業績評價這兩個層次。

一般來說，業績評價系統由評價目標、評價指標、評價標準和評價方法等要素構成。評價目標是指業績評價主體的評價需求，評價指標是指評價主體針對評價客體的哪些方面進行評價，評價標準是指評價主體判斷評價客體業績高低的基準，評價方法是指評價主體獲取業績評價信息的手段（池國華，2005）。其中，業績指標的選擇是組織面臨的最關鍵挑戰之一（Ittner 和 Larcker，1998）。胡玉明（2011）也指出業績評價指標的選擇是業績評價的最關鍵問題。企業業績評價主要涉及兩大基本問題：第一，選擇哪些指標評價企業的經營業績？第二，如何將選擇的業績評價指標與企業戰略聯繫起來？如果拋開企業戰略，則企業經營業績的好壞將難以評判（胡玉明，2010）。由此可見，業績評價指標的選擇及其與企業戰略的匹配對建立一個運行良好的業績評價系統的重要性。為了研究問題的深入，本書不追求對業績評價系統做全面的研究，而是集中探討業績評價指標選擇這一較小的話題。

具體來說，本書主要研究兩個問題，一是業績評價指標選擇的影響因素；二是業績評價指標選擇的業績後果及其作用機制。安東尼和戈文達拉揚（2010）將企業控制劃分為戰略控制、管理控制與營運控制三個層次，認為它們是企業控制三個相對界限分明的層次。管理控制系統是管理者用於控制組織活動的系統，是戰略的執行系統。通過這個系統，管理者能夠影響組織內其他成員並使之執行組織戰略，以達到組織目標。簡言之，管理控制系統的目的就是保證戰略的實施以實現組織目標。戰略控制是一個制定戰略的過程，管理控制是一個實施戰略的過

程。業績評價系統的目標是促進戰略的實施，是戰略實施的支持系統。在建立企業業績評價系統時，高級管理層要選擇最能反應公司戰略的業績評價指標。這些指標被看作企業戰略的關鍵成功因素。如果這些業績評價指標有所改善，那麼公司的戰略就正在付諸實施。安東尼和戈文達拉揚（2010）認為企業戰略的制定必須考慮企業所面臨的內外部環境，進而根據企業戰略設計適合的管理控制系統以實現企業經營戰略。業績評價系統作為企業管理控制系統支持戰略實施的核心子系統，理所當然也應該滿足實施企業戰略的需要。戰略的成功取決於戰略的合理性，業績評價系統只是提高組織成功實施戰略可能性的機制。戰略的制定受到企業所處環境的影響，只有根據企業所處的實際環境才能制定合理的戰略。合理的戰略與對應的業績評價系統匹配才能產生高的業績。因此，企業戰略的制定是否符合企業所處的環境，企業業績評價系統是否支持戰略的實施？這將關係到企業戰略的制定是否合理，業績評價系統的設計與企業戰略是否匹配，進而影響到企業的目標是否能夠實現。只有立足於「環境→戰略→過程→行為→結果」一體化的邏輯基礎，才能真正地理解最終出現的結果（胡玉明，2009）。本書欲打通環境、戰略、管理控制系統與業績之間的關係，沿著「環境→戰略→業績評價→業績」的邏輯路徑進行研究. 本書研究邏輯如圖1.1所示。

　　目前關於業績評價的中文文獻主要探討業績指標的設置，有少量的實證文章分析非財務指標的業績後果，如張川等（2006、2008）。從外文文獻來看，國外對戰略與業績評價關係的研究比較多，理論也相對比較成熟。主要從代理理論和權變理論的角度對三者之間的關係進行檢驗。代理理論主張業績評價指標的多元化（Performance Measures Diversity），權變理論主張業績評價指標必須與權變因素相匹配（Alignment）才能產生

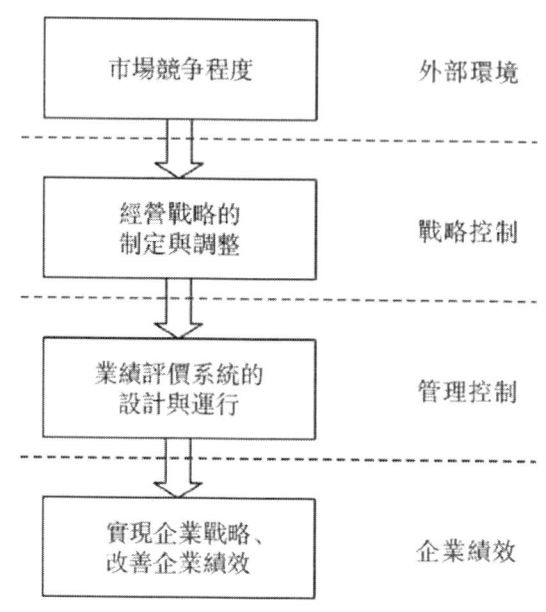

图 1.1　本書研究邏輯圖

高的企業業績。關於這些研究，主要探討財務指標與非財務指標。傳統業績評價指標主要採用財務指標，但是 BSC 概念提出之後，就有不少企業採用非財務指標對企業業績進行評價，進而在學術研究上就有學者運用數據實證檢驗非財務指標是否能夠帶來企業業績的提升？業績評價指標的多元化認為傳統業績評價指標重視財務指標，而作為代理人的經理人員就會看重短期財務業績的實現，那麼為了降低代理成本，引入非財務指標使得業績評價指標多元化，激勵經理人員不止看重財務指標，還要為企業的長遠發展考慮，以減少經理人員的短期行為。所以就出現大量文章從不同角度檢驗是否業績評價指標越多元化，企業的績效就會越好。大部分文獻得到的結論是，業績評價指標的多元化能夠帶來好的業績。一個單一的指標無法控制一個複雜的系統，過多的指標又會使系統過於複雜，而無法控制。因此上述經驗研究的證據是在一定範圍內成立，而不是簡單地

認為業績評價指標越多，企業業績越好。Van der Stede et al. (2006) 就非財務指標的研究更進一步，將非財務指標進一步劃分為主觀非財務指標和客觀非財務指標，而主觀非財務指標與質量生產戰略的匹配能夠給企業業績帶來正的影響。

　　上述文獻主要基於國外私營企業的角度進行分析，它們的特點就是較少受到政府的干預，企業能夠以獨立的法人個體進行經營管理。但是，在中國，國有企業大量存在，國有企業不能以一個獨立的法人進行經營，較多地受到政府管制和干預，國有企業領導人大部分並不是職業經理人，更像是一個政府官員，所追求的目標更多的是政治晉升或者在職消費，其企業利潤目標不再是首要的。從一家大型國企的總經理的講話中發現，第一位是企業（政治）穩定，第二位是安全，第三位是贏利（於增彪，等，2007）。國有企業很多時候是在作為政府的代理人去執行政府職能，那麼在這種制度環境下，中國企業經營戰略的制定是否反應企業所面臨的外部環境？業績評價指標會呈現何種狀況？財務指標與非財務指標的比重如何？非財務指標中的主觀與客觀指標占比多大？它們對企業的業績又會產生什麼影響？這種業績評價體系與企業的戰略有何關係？是否業績評價指標與戰略匹配就能產生高的業績？而國企與民企在這三者之間的關係表現上是否存在差別呢？這些問題都是在中國的制度背景下需要回答的。本書基於中國制度背景，結合中國國有企業業績評價制度的制定，從國外有關業績評價的理論出發，分析其在中國是否適用。如果不適用，那如何去解釋這種現象呢，財務指標、非財務指標在中國國企的業績考核中起到了什麼作用，進而分析這些指標對企業績效的作用機理。

1.1.2　研究意義

　　2014 年以來，財政部大力推動管理會計的理論與實務發展。

2016年，財政部發布了《管理會計基本指引》。

（1）實踐價值。業績評價系統作為管理會計系統的重要組成部分，一直是管理會計理論研究和實務發展的核心話題。中國國資委在國有企業大力推行先進的業績評價制度，但是效果並不盡如人意。先進的業績評價制度為何沒有在中國國有企業取得相應的管理效果呢？如何設計一套高效的業績評價指標體系？國有企業與民營企業的業績評價指標體系的差別在哪裡？業績評價指標體系如何反應企業經營戰略？……所有這些問題都是企業管理實踐中迫切需要解決的問題。本書的研究結論為中國企業業績評價指標的選擇提供指導性意見，具有重要的實踐價值。具體來說，企業業績評價指標的選擇必須匹配企業的權變因素，尤其是業務經營單元的經營戰略。不同的業務經營單元面臨的市場競爭程度不一樣，業務單元的經營戰略就要進行相應的改變，進而調整企業的業績評價指標體系，最終提升管理會計控制系統實現企業經營戰略的能力以改善企業績效。

（2）理論意義。限於研究數據獲取的困難，中國會計學術界對於管理會計問題的研究極其匱乏，導致「實務熱、學術冷」的管理會計發展局面。本書嘗試運用國際主流的研究方法，扎根中國企業管理實踐，探索具有中國特色的管理會計理論與方法。該書以企業業績評價為研究主題，採用問卷調查方法搜集中國企業的管理數據，運用實證研究模型分析市場環境、經營戰略與業績評價指標選擇的作用機理與經濟後果。全書以三個緊密相關、逐層遞進、邏輯清晰的實證研究為核心內容，系統展現了基於中國制度背景的企業業績評價系統的運行規律。

1.2　本書研究內容與框架

　　本書遵循胡玉明（2011）提出的中國管理會計理論與方法研究的學術思想：立足於中國轉型經濟環境下的特殊制度背景，綜合運用會計學、經濟學、管理學、組織行為學、社會學和心理學等學科的理論與方法，基於管理會計的「技術、組織、行為、情境」四個維度和「環境→戰略→行為→過程→結果」一體化的邏輯基礎，系統地研究中國企業管理會計理論與方法。企業經營戰略是對企業經營環境的能動反應，只有適應經營環境的企業才能獲得可持續發展的動力。通過對企業內外部環境的 SWOT 分析，企業制定適合本企業發展實踐的合理戰略，然後設置企業的內部管理控制系統實施戰略以達到戰略目標。該研究打通環境、戰略、管理控制系統與企業業績之間的關係，沿著「環境→戰略→業績評價→企業業績」的邏輯路徑進行研究，將環境、戰略與業績評價系統進行有機整合，並考察其業績效果。進一步地，由於中國有著不同於西方國家的特殊制度環境，存在大量的國有企業，並且政府監管部門針對國有企業的績效評價有專門的制度規定。在這樣一個特殊的研究場景中，我們預期國有企業與民營企業這兩種不同性質的經濟體，上述的邏輯路徑關係會有不同的表現。如果將這兩種性質不一樣的研究樣本混合起來考察上述關係，將可能得到比較混亂的研究結果，不利於發現上述變量比較一致的關係，也不利於我們對實踐現象的深入認識。因此，我們針對國有企業樣本和民營企業樣本分別進行實證檢驗，並分析兩者之間的差異來源，以更

為清晰的視角揭示「環境→戰略→業績評價→企業業績」的邏輯路徑關係。

按照上述的研究思路,本書主要分為五部分內容進行研究:

第一部分:企業業績評價指標選擇的理論框架研究。本部分首先回顧業績評價系統發展的歷史演進,推導出當前國際先進的業績評價理念。在此背景下,系統梳理中國政府監管部門頒布的國有企業業績評價的發展歷程,批判式地分析中國國有企業業績評價發展過程中存在的問題。然後運用業績評價基本理論透視中國國有企業一系列業績評價制度,並明確企業外部業績評價與內部業績評價的本質區別,分別探討國內外業績評價的制度差別。基於該制度背景,本部分運用代理理論、權變理論和行為科學理論分析企業業績評價指標選擇的影響因素和業績後果,構建一個「環境→戰略→業績評價→績效」的理論分析框架,為後文的實證檢驗打下紮實的理論基礎。

第二部分:運用調查問卷數據實證檢驗「市場競爭程度、經營戰略與業績評價指標」三者之間的關係。為實現「環境→戰略→業績評價→績效」的一體化檢驗,本書基於上述的理論分析框架,結合中國國有企業業績評價的制度背景,設計一份業績評價指標選擇的調查問卷,通過向中國企業的管理者發放調查問卷獲取實證研究數據。本書主要通過兩階段實證檢驗上述的一體化理論模型,分別採用仲介變量模型和調節變量模型兩種基本分析模型進行實證分析。本部分主要使用仲介變量模型分析「市場競爭程度、經營戰略與業績評價指標選擇」三者的關係,將企業經營戰略變量作為仲介變量,即市場競爭程度一方面對業績評價指標選擇產生直接影響;另一方面通過影響企業經營戰略對業績評價指標選擇產生間接效應。已有文獻從理論和實證證據方面發現市場競爭程度是企業業績評價指標選

擇的一個權變因素，也就是對企業業績評價指標選擇具有直接效應。但是根據安東尼管理控制系統理論的研究思想，企業控制分為戰略控制、管理控制與營運控制，任何對企業管理控制系統產生影響的權變因素都是先通過影響企業經營戰略，再傳導到管理控制系統。針對企業外部環境的變化，企業必須及時對經營戰略做出調整以適應外部環境，進而調整企業的管理控制系統。按照這個理論邏輯，本書認為市場競爭程度的變化還可能通過影響企業的經營戰略，從而傳導到企業業績評價指標體系。已有的研究文獻並沒有考慮到這個理論問題，均是按照市場競爭程度到業績指標選擇這條直接效應路徑進行實證檢驗。本書遵循安東尼管理控制系統分析框架的理論邏輯，構建一個仲介變量理論模型，並使用調查問卷數據實證檢驗該理論模型，一方面實現對安東尼教授管理控制系統理論的進一步檢驗；另一方面進一步豐富已有文獻對該問題的認識。

第三部分：運用調查問卷數據實證檢驗業績指標多元化對企業業績的影響。如何判斷業績評價系統的好壞呢？通常的做法就是考察業績評價系統的實施對企業業績的影響。實務中，企業主要運用兩種基本方法設計企業戰略業績評價系統，一種是加入非財務指標以補充傳統的財務指標；一種是將業績評價指標與企業經營戰略或者價值驅動因素匹配起來。在學術研究中，已有研究文獻形成兩大思想流派：一個流派不考慮戰略類型而強調業績評價指標的多元化；一個流派強調業績評價指標與經營戰略的匹配。前者可以認為是業績評價的代理理論流派，後者是業績評價的權變理論流派，即兩者所運用的理論基礎分別是代理理論和權變理論。本書在第三、第四部分分別從代理理論與權變理論的視角，實證檢驗業績指標選擇的經濟後果。

傳統單一的業績指標容易導致企業內部代理人的短期行為，

不利於企業價值最大化的實現。所謂「評價什麼就得到什麼」，通常代理人有動機去關注有業績指標對其績效進行評價的活動，而往往忽視委託人不對其績效進行評價的活動。根據這個思想，代理理論認為要想有效地降低代理人的代理成本，可以通過擴大代理人的績效考核範圍，即業績指標多元化。業績指標體系基本上包括兩種類型的業績指標：財務指標和非財務指標，非財務指標又可以進一步劃分為客觀非財務指標和主觀非財務指標。非財務指標是財務指標的前導指標，主觀非財務指標是對客觀非財務指標的有效補充。按照平衡計分卡的思想，企業業績分為三個層次：內部經營業績、客戶與市場業績、財務業績。本書將構建一個業績指標多元化變量，分別對內部經營業績、客戶與市場業績、財務業績進行迴歸分析。

第四部分：運用調查問卷數據實證檢驗「經營戰略、業績評價指標選擇與企業績效」三者之間的關係。安東尼教授的管理控制系統理論認為企業管理控制系統的核心功能是實施和監控企業的經營戰略。為了達到實施和監控企業經營戰略的目的，管理控制系統的設計與運行必須反應企業的經營戰略特徵。只有管理控制系統與企業經營戰略兩者相互匹配，才能實現企業管理控制系統的應有效果，最終改善企業的經營績效。因此，累積大量的關於企業經營戰略與管理控制系統關係的實證研究文獻。Langfield-Smith（1997）對管理控制系統與戰略之間關係的研究文獻做了一個批判式的回顧，充分說明企業戰略與管理控制系統的緊密關係。目前仍有較多的文獻探討經營戰略與管理控制系統的子系統之間的關係，這也從一個側面反應出對管理控制系統的研究不可迴避的問題就是企業戰略，這也是本書研究業績評價指標選擇需要重點考慮經營戰略的重要原因。

實證檢驗「戰略、業績評價指標選擇與企業績效」三者之

間關係的文獻較多，但是不同文獻對戰略的衡量方式也存在較大的差異，Van der Stede et al.（2006）關注製造業企業的質量生產戰略；Fleming et al.（2009）研究中國企業的增長戰略對企業業績評價系統的影響……上述文獻對經營戰略的衡量較為片面，並沒有捕捉到經營戰略的核心內涵，其得到的研究結論信度較低、普適性較差。基於上述文獻的研究現狀，本書通過對企業戰略內涵的研究，結合已有的實證研究文獻對企業戰略的衡量方法和本書的研究層次，本書定位於管理控制層次，相對應的就是經營層戰略。國外的學術文獻對經營層戰略的衡量通常採用 Miles 和 Snow（1978）或者 Porter（1980）的衡量方法。前者將經營戰略主要分為前瞻型戰略（Prospector）和防守型戰略（Defender）；後者將經營戰略主要分為差異化戰略（Differentiation）和成本領先戰略（Cost Leader）。但是 Smith et al.（1989）認為前瞻型和防守型戰略能夠適用於不同產業類型。因此本書選擇 Miles 和 Snow（1978）對經營戰略的衡量方式，即將經營戰略分為前瞻型戰略、分析型戰略和防守型戰略。前瞻型戰略和防守型戰略位於經營戰略的兩端，中點就為分析型戰略。同時，已有的研究大多數都是將業績指標劃分為財務業績指標和非財務業績指標，這種分類方式較為粗糙。隨著業績評價理論研究深入和實踐的發展，越來越重視對主觀業績評價指標的使用，尤其是在中國國有企業的制度背景下更是如此。為了更加全面深入地考察各類業績評價指標的業績後果，Van der Stede et al.（2006）將非財務指標進一步劃分為客觀非財務指標和主觀非財務指標，並發現主觀業績評價指標的業績作用。考慮到中國國有企業內部對主觀業績指標的重視，本書將業績評價指標劃分為財務指標、客觀非財務指標和主觀非財務指標，並相應地考察各類業績指標的業績後果。關於企業績效的衡量，

已有文獻更多地是將調查問卷獲得的財務業績打分合成一個業績變量,並計算該業績變量的得分。由於中國國有企業特殊的制度背景,企業內部的代理成本較高,單純地考察企業最終的財務業績將不能較為清晰地識別出各類業績評價指標的具體業績後果。因此,本書參考文東華等(2009)將企業業績分為內部經營業績、客戶與市場業績和財務業績,方便我們更為清晰地識別不同類型的業績指標其發揮的具體作用。通過對已有文獻的研究設計改進,關注中國轉型經濟的制度環境特徵,將有助於我們進一步深入地認識經營戰略、業績指標選擇和企業業績的關係。

　　第五部分:國有與民營企業樣本的分類檢驗。由於已有文獻的研究設計根植於國外私營企業的管理實踐,其得到的研究結論對於解釋中國的企業管理實踐具有較大的局限性。當前中國正處於轉軌經濟時期,國有經濟在中國經濟體中佔有較大的份額,其管理經營模式跟一般的私營企業存在較大的差異。如果將兩類不同性質的樣本企業混合起來考察,將不利於我們對該問題的深入理解,因此有必要將問卷調查樣本分為國有企業與民營企業樣本,分別對上述的實證研究模型進行實證分析,並對兩個模型的迴歸係數進行統計檢驗,以發現兩類樣本的不同表現形式。本部分的研究設計符合目前國內主流資本市場研究的慣用設計思想,但是目前管理會計實證研究並沒有重點考慮這個因素,因此本書的研究設計將為後續的管理會計實證研究提供一個方法論範本。據此,本書構建一個研究路線圖,如圖1.2所示。

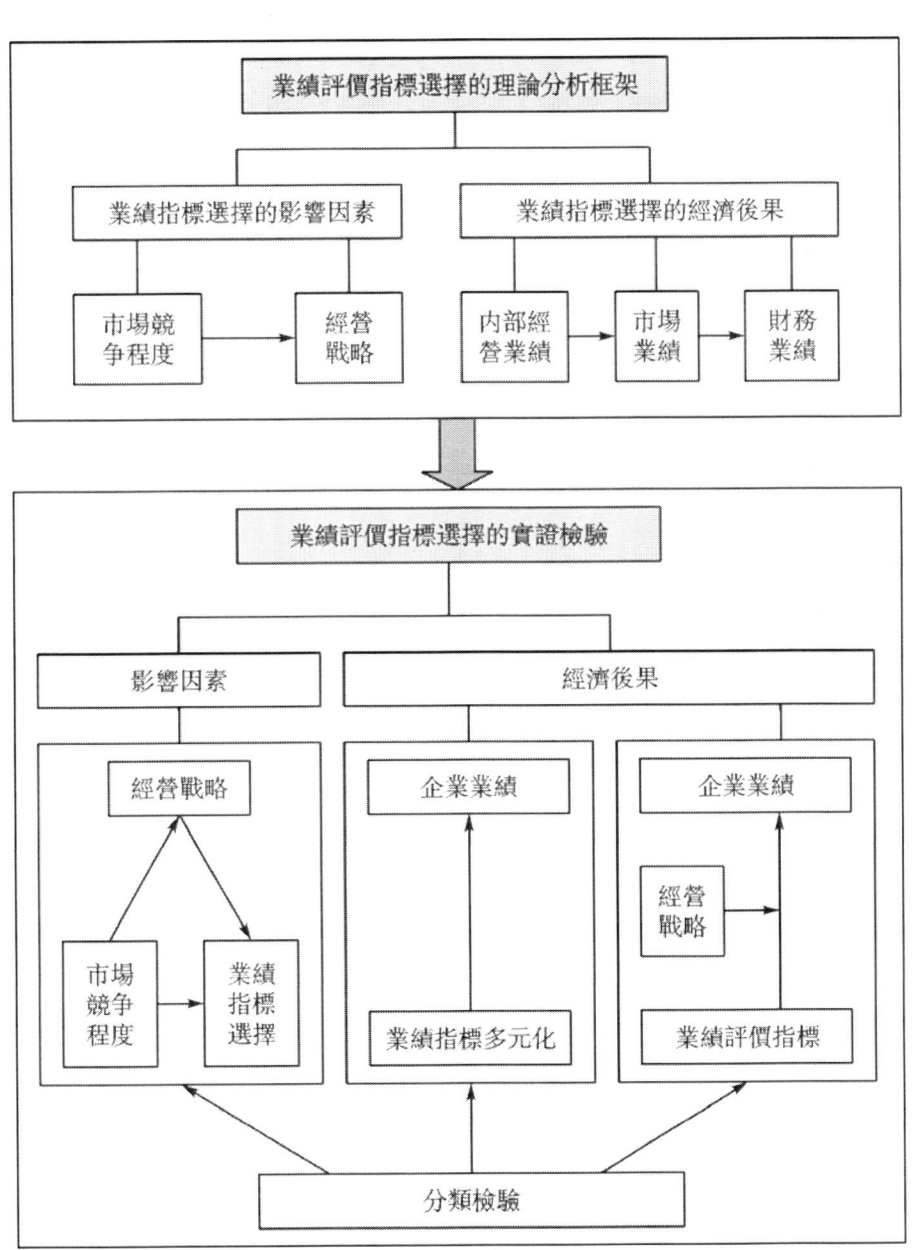

圖1.2　本書的研究路線圖

1.3 研究方法

由於本書選題屬於管理會計研究問題，涉及企業外部環境與企業內部管理實踐等研究數據，無法從公開的數據庫獲得需要的研究數據，因此本書採用國際主流的管理會計實證研究的數據獲取方法——問卷調查。採用問卷調查方式進行實證研究，研究數據的質量取決於問卷設計、調查對象的選擇、問卷發放和問卷回收等，其中問卷本身的質量是最為重要的決定因素。因此，設計一份科學、合理的調查問卷對於本研究結論的可靠性甚至整個研究的質量都是最為重要的保證。

科學的研究方法是研究質量的重要保證，設計一份高質量的調查問卷同樣需要遵循該研究方法嚴謹的研究過程和研究步驟。為了保證本書的研究質量，擬採用以下的研究程序：

（1）大量閱讀與業績評價相關的中外文獻，系統梳理業績評價系統有關研究的理論基礎、研究主題、研究方法等。一位學者提出：「文獻是研究者的生命。」沒有大量的文獻閱讀，是不可能提出一個有價值、有意義的研究問題的。因此，做任何研究都需要首先大量閱讀該領域的相關文獻。通過對業績評價相關文獻的查閱，共搜集了300多篇中文文獻，100篇左右的英文文獻。通過對大量英文文獻的研讀，系統掌握了問卷調查研究方法，深入瞭解了已有文獻關於業績評價系統的研究現狀；中文文獻讓筆者對業績評價的基本理論和中國業績評價現狀有了較為全面的掌握。為了遵循研究的傳承性，對相同變量的量化最好使用相同的研究題項，但是基於不同文化、不同經濟背景下的調查應該對問卷題項做出相應的調整。因此本書將結合

最權威、最新的文獻和中國的制度背景兩個原則設計本書使用的調查問卷。

（2）半結構化訪談。在問卷設計前，圍繞本書的研究話題擬定一份訪談提綱，找幾家不同性質的企業，並對企業管理者做半結構化訪談。通過到企業實地調研和訪談，能夠掌握中國企業目前業績評價系統的現狀及其存在的問題，目前企業管理者真正關心的業績評價問題。及時將訪談數據反應的問題反應到問卷設計過程中，以設計出更加貼合中國企業業績評價實踐的調查問卷。

（3）問卷初稿設計出來之後，邀請管理會計領域的專家學者對該問卷提出修改意見，並進行相應的修改。然後選擇幾家企業的管理者進行小範圍問卷試填，充分聽取試填者提出的反饋意見，再次對問卷進行修改。反覆進行這麼幾輪修改，直到試填者滿意為止。

問卷設計完成之後，結合研究問題選擇問卷調查對象、發放渠道和回收渠道等問題。由於本書研究企業內部管理業績評價問題，其聚焦於企業內部經營單元層次，如公司事業部、利潤中心等。因此，該研究將調查對象確定為企業經營單元的管理者。採取現場填答和電子郵件填答兩種模式。通過多種渠道選擇調查對象，比如四川省高校的 MBA、EMBA 班學員、校友所在企業、研討會等。嚴謹的研究過程才能獲得科學的研究結論。作者對於回收的樣本數據，將嚴格按照問卷調查數據的分析方法進行因子分析、迴歸分析等。

1.4　本書可能的創新點

（1）本書提出並實證檢驗了經營戰略作為市場競爭程度與

企業業績指標選擇之間的仲介變量。已有研究將市場競爭程度作為企業管理控制系統的權變因素，但是本書認為市場競爭程度對企業管理控制系統的影響，首先影響企業經營戰略的制定，進而傳遞到企業管理控制系統，最後對企業業績產生影響。因此市場競爭程度變量不應該與經營戰略處於同一個層次作為企業業績評價系統的權變因素，而是一個遞進的關係。企業內部管理系統分為三個層級：戰略控制系統、管理控制系統、經營控制系統。管理控制系統是對戰略控制系統的反應，並實施和控制企業的經營戰略。面對不同程度的市場競爭，企業會制定相應的經營戰略，進而設計適配的業績評價系統以取得較高的企業績效。本書通過提出這樣一個命題，並用實證數據去檢驗這個命題以發展已有的理論。

（2）已有的關於企業業績評價指標的實證研究，主要分析企業非財務指標的價值相關性，但是並沒有深入研究非財務指標的內部結構，而國外的相關研究已經將非財務指標劃分為客觀非財務指標與主觀非財務指標，分別研究其價值相關性。儘管如此，大部分經驗研究都是從量的角度衡量非財務指標，分析這兩類非財務指標的價值相關性，即通過問卷調查數據，分析企業使用非財務指標的數量與企業績效的關係。這類研究對非財務指標的度量較為粗糙，因為非財務指標使用的數量並不能決定最終的業績評價指標體系，還必須考慮非財務指標在整個業績評價指標體系中的權重。只有從非財務指標的量和質兩個方面度量，才能較為準確地檢驗其價值相關性。基於上述的理論分析，本書通過問卷調查對業績評價指標的量和質兩個方面測量業績指標的採用程度，並分析其價值相關性。質的衡量主要是通過被調查者對相應指標的重視程度進行評分，這樣有助於更加準確地探討企業業績評價指標的應用程度，及其對企業績效的影響。

(3) 基於中國特殊制度背景的實證分析。由於中國特殊的制度背景，國外已有的經驗研究結論並不一定能夠解釋中國企業的特有現象。中國的國有企業與民營企業在企業內部管理上存在較大的差別，尤其體現在業績評價指標的應用上。中國從 1999 年就開始由政府相關部委發布企業績效評價文件，其主要針對各級國有企業。後來又對這些文件進行了相應的修訂。但是這些文件對企業業績評價指標的設定，其評價主體是作為國有企業所有者代表的國資委，對企業進行業績評價或者考核，並不屬於企業內部管理的業績評價系統。國資委對國有企業的業績評價是否會給內部管理層施加壓力，以至於管理層將這些指標作為企業內部管理業績評價指標呢？這是一個有待實證檢驗的命題。在中國，國有企業肩負一定的社會職能，存在預算軟約束等問題，其參與市場競爭的程度不高。這與西方國家私有企業所處行業的市場競爭程度有本質的區別，那麼西方文獻所得出的研究結論在中國國有企業中將是如何表現的呢？如果有其特殊性，那麼這個特殊性體現在何處？這些都是有待實證檢驗的命題。然而，已有的研究幾乎沒有考慮中國國有企業的特殊情況，而是將兩種完全不同性質的企業樣本合併在一起進行實證檢驗。這種方式得出的研究結論其可信度有待商榷。本書正是基於上述的理論思考，根據中國的制度環境，將問卷調查得到的研究數據分為兩個樣本：一個是國有企業樣本；一個是民營企業樣本。預期國有企業會使用較多的非財務指標，其中包括較多的主觀非財務指標，比較重視企業員工的福利、社會責任的履行、思想政治表現等。而民營企業的表現跟西方文獻的研究結論差別不大，將根據不同的企業環境和經營戰略選擇使用一些非財務指標，但是主觀非財務指標使用程度較低，即使使用主觀非財務指標也主要跟生產經營相關。

　　(4) 已有的基於權變理論的管理會計經驗研究，大部分都

是將企業內部業績、市場業績和財務業績的得分通過因子分析合成一個企業業績變量進行分析。以私營企業為主體的西方市場經濟體中，這種度量企業業績的方式能夠得到較為合理的解釋。但是在中國處於轉型經濟的社會主義市場經濟體中，國有企業主導國家經濟命脈，國有企業所有者缺位、內部人控制、在職消費等公司治理問題導致企業內部代理成本較高。因此，國有企業的內部業績、市場業績表現與企業的財務業績相關度不高。如果將三者合併成一個業績變量進行考察，就無法清晰地展現企業內部管理控制的有效性，因為制度的缺陷（如：在職消費）會抵消內部管理對企業財務業績的正向作用。基於上述理論分析，本書關於企業績效的衡量，主要借鑑平衡計分卡的思想，將企業績效分為內部業績、市場業績和財務業績。相對於民營企業樣本組，國有企業業績評價指標正相關於企業內部業績、市場業績，但是與財務業績不相關，主要原因是國有企業內部代理成本較高。

（5）已有研究沿著「環境→業績評價→業績」或「戰略→業績評價→業績」等路徑進行理論分析和實證檢驗，本書打通了環境、戰略、管理控制系統與企業業績之間的邏輯關係，沿著「環境→戰略→業績評價→企業業績」的邏輯路徑進行研究。由於企業戰略控制系統是對企業外部環境的反應，管理控制系統對企業經營戰略做出反應並且實施戰略，最後對企業績效產生影響，本書彌補了已有文獻將環境、戰略與管理控制系統割裂開來研究的缺陷，將環境、戰略與業績評價系統進行有機整合，並考察其業績效果，有助於更好地理解企業外部環境對企業績效的作用路徑，實現內外環境作用機制一體化研究。

2
文獻綜述

为了反應業績評價指標選擇研究的全貌，突出本書的研究問題對該領域研究文獻的貢獻，本章將根據上章提出的業績評價指標選擇理論分析框架，從業績評價指標選擇的影響因素與經濟後果兩個方面對該領域已有文獻進行全面回顧和深入評述。其中，關於業績評價指標選擇的經濟後果，已有研究文獻形成兩大思想流派：一個流派不考慮權變因素而強調業績指標的多元化；一個流派強調業績指標選擇與權變因素的匹配。這兩類研究的理論基礎也不相同：強調業績指標多元化的研究運用代理理論去解釋；強調業績指標的選擇與經營戰略匹配的研究運用權變理論去解釋。因此，本部分將按照代理理論與權變理論分別評述業績評價指標選擇的經濟後果。

2.1 業績評價指標選擇的影響因素

基於權變理論的研究表明，選擇適當的管理會計技術依賴於特定的組織環境（Gordon 和 Miller，1976；Hayes，1977；Otley，1980）。具體到業績評價指標的選擇問題，非財務指標的使用是一個內生變量，其受到眾多外生環境因素的影響，當然使用非財務指標的業績後果也受到這些環境因素的調節作用的影響。業績指標的最優選擇是眾多因素的函數，比如戰略計劃、公司的投資機會集和高管薪酬等（Ittner 和 Larcker，1998），大量的管理者認為一味地強調財務指標並不能較好地實現這些功能。Bushman et al.（1996）和 Ittner et al.（1997）實證檢驗非財務指標的使用與戰略計劃、情景因素和組織環境之間的關係，發現戰略、管制、產品生命週期、財務困境和財務指標的噪音都會影響非財務指標的採用。Ittner 和 Larcker（2001）發現業績

評價指標的選擇是組織競爭環境、戰略和組織設計的函數。不難看出，業績評價指標的選擇受到眾多外生因素的影響，只有當外生環境因素與業績指標選擇相匹配時，才能有效發揮業績評價系統實施戰略的作用。由此可見，準確地識別影響業績評價指標選擇的權變因素，對指導業績評價系統的設計將變得異常重要。本書通過對已有文獻的總結，發現業績評價指標選擇的影響因素有：組織規模、環境不確定性、產品生命週期、組織設計、財務困境、經營戰略和財務指標的噪音等。

（1）組織規模

Hoque 和 James（2000）用 66 家澳大利亞製造業企業的問卷調查數據，考察了組織規模、產品生命週期與市場地位對企業使用平衡計分卡的影響，並進一步檢驗了平衡計分卡使用的業績後果。實證研究發現，組織規模越大，企業越傾向於使用平衡計分卡；企業的市場地位與平衡計分卡的使用不存在顯著的關係；平衡計分卡的使用能夠改善企業業績，並且不受組織規模、產品生命週期和市場地位的調節。

（2）環境不確定性

企業所面臨的環境不確定性對業績評價指標的選擇會產生重要影響。企業所處市場環境的不確定性程度越高，則其面臨的市場競爭壓力越大，從而對業績評價系統的設計影響越大（Tymon、Stout 和 Shaw，1998）。Gul（1991）發現企業所處的市場環境不確定性程度越高，其管理會計系統就越傾向於使用複雜的管理技術。Gosselin（2005）發現組織面臨的環境不確定性程度越高，採用非財務指標的程度越高。具體的行業和競爭壓力也將影響業績評價指標的選擇。Ittner et al.（1997）認為非財務指標在管制行業被較為廣泛地使用，因為在公用事業行業，監管部門將職位晉升跟非財務目標的取得掛勾。而且管制行業的政府干預將導致這些行業的企業更加重視非財務指標。同時，

Bushman et al.（1996）和 Ittner et al.（1997）都發現有證據表明，管制和競爭壓力使得許多公用事業行業和電信行業在高管薪酬計劃中使用非財務指標，即受管制企業比非受管制企業將使用更多的非財務指標。潘飛和張川（2008）發現市場競爭程度與財務指標的採用程度呈顯著正相關關係，而與非財務指標的採用程度不相關。Fleming et al.（2009）運用104家中國上市製造業公司的數據實證檢驗發現，市場競爭程度與增長戰略正相關，環境不確定性與增長戰略負相關，但是增長戰略與綜合業績評價系統的使用正相關。

（3）產品生命週期

Richardson 和 Gordon（1980）認為企業生命週期對業績評價指標的選擇具有重要的影響，與處於成熟期的企業相比，處於成長期的企業將更多地使用非財務指標，較少使用財務指標。Bushman et al.（1996）發現產品生命週期越長，財務指標的信息含量越低，而非財務指標將更有信息含量。Hoque 和 James（2000）發現企業的新產品比例越高，企業越傾向於使用與新產品相關的業績指標。

（4）組織設計

關於組織設計對管理控制系統的影響，通常將組織的分權程度作為組織設計的替代變量。早在20世紀80年代，就有學者發現組織結構的分權程度會影響企業管理控制系統的設計，如 Chenhall 和 Morris（1986）、Govindarajan（1988）都發現組織設計的分權程度是企業管理會計系統設計需要重點考慮的權變因素。Damapour（1991）也發現，組織的分權程度與管理技術創新之間存在正相關關係，分權程度較高的企業更傾向於採用新的業績評價技術（如 BSC），使用更多的非財務指標。Gosselin（2005）發現組織分權程度越高，非財務指標的採用程度也越高。王華兵和李雷（2011）運用問卷調查數據實證檢驗，發現

分部間的戰略協同程度越高，分部經理激勵契約中的非財務指標權重就越高。

（5）財務困境

Ittner et al.（1997）認為財務困境公司為了避免企業破產，將更多地關注短期收益，因此財務困境公司將更多地使用短期財務指標，即財務困境公司比健康的公司更少使用非財務指標。

（6）經營戰略

大量研究已經檢驗經營戰略對企業會計與控制系統設計的影響。Govindarajan 和 Gupta（1985）發現採用前瞻型戰略的企業（增加銷售額和市場份額）比採用防守型戰略的企業（最大化短期利潤）更重視非財務業績指標，如新產品開發、市場份額、R&D、客戶滿意度等。類似地，Simons（1987）和 Simons（1995）發現採用防守型戰略的企業更多地使用財務業績指標（如：短期預算額）。Ittner et al.（1997）研究發現採用創新導向的前瞻性戰略的企業比採用防守型戰略的企業更重視非財務指標。採用防守型戰略的企業通過改善企業內部經營效率，最小化企業運行成本，以維持已有的產品和市場份額。這種戰略取向的企業傾向於使用短期財務業績指標評價企業的經營效率，以獲得短期利潤最大化（Govindarajan 和 Fisher，1990）。相反，採用前瞻型戰略的企業通過新產品研發等創新活動，尋求新的產品和市場份額，但是這種創新活動並不能帶來立竿見影的企業利潤，而是有助於企業的可持續發展，在可預見的未來為企業帶來高的利潤增長。這樣一來，對於前瞻型戰略的企業來說，短期的財務業績指標並不能反應出管理者為了企業長期的戰略目標而做出的努力，而非財務業績指標是一種過程指標，能夠及時地反應企業經營過程情況。因此前瞻型戰略的企業需要使用非財務業績指標來反應管理者當期做出的管理努力。因此我們預期追求未來戰略目標的企業在與管理者的薪酬合約中更重

視非財務業績指標。

Daniel 和 Reitsperger（1991）、Ittner 和 Larcker（1995）、Ittner et al.（1997）認為採取質量戰略的企業將更多地使用非財務指標以反應公司為了改善質量所做出的努力。Abernethy 和 Lillis（1995）研究發現採用彈性生產戰略的企業；Perera、Harrison 和 Poole（1997）發現採用顧客導向生產戰略的企業更多地使用非財務業績指標。Gosselin（2005）使用 101 份加拿大製造業企業問卷調查數據，發現採用前瞻型戰略的企業使用非財務指標的程度較高。

(7) 財務指標的噪音

由於財務指標自身存在業績評價噪音，其並不能完全解決管理者與所有者之間的信息不對稱問題，因此需要引入非財務業績指標以緩解財務業績指標的噪音。Ittner et al.（1997）發現財務指標的噪音與薪酬合約中非財務指標的相對重要性正相關。

2.2 業績評價指標選擇的經濟後果

由於傳統的財務業績評價指標存在滯後性、短期性和單一性等缺陷，從20世紀80年代開始，人們開始對傳統的財務業績評價指標體系提出質疑。主張在傳統的財務業績評價指標體系基礎上引入非財務指標，形成綜合業績評價指標體系，其中最為著名的是卡普蘭和諾頓於20世紀90年代提出的平衡計分卡（BSC）。他們認為非財務業績指標是財務業績指標的前置指標（Leading Indicator），著眼於企業長遠發展，是未來企業業績的指示器。自從實務界開始引入非財務指標進行業績評價開始，學術界就從不同角度實證檢驗非財務指標是否能夠給企業帶來

相應的業績後果，並形成了兩種不同的觀點。一個是代理理論觀點，認為凡是能夠提供代理人行為增量信息的指標都應該被納入代理人薪酬契約中。該觀點倡導企業業績評價體系應該是一個包含財務指標與非財務指標的多維業績評價體系，業績評價指標體系的多維化與企業業績正相關。另外一個是權變理論觀點，認為不存在一個在所有環境下都適用的管理會計控制系統，不同的組織環境下企業應該採用不同的業績評價指標體系（Otley，1980），只有業績評價系統與相應的組織環境相互匹配，才能改善企業的管理會計控制系統效率，提高組織績效。因此大量的管理會計經驗研究文獻，都在探索管理會計控制系統使用的重要權變因素，這些權變變量與管理會計控制系統之間的匹配是否能夠提高企業績效。

2.2.1 代理理論視角

代理理論認為信息的有用性決定業績評價指標的選擇，任何一個能夠提供有關代理人行為增量信息的業績指標都應該包含在薪酬契約中。而且只有當該指標關於管理者行為的信息超過已有業績指標組合時，該指標才能包括在業績指標組合中（Holmstrom，1979）。基於代理理論的研究認為，業績評價體系應該包含財務指標與非財務指標的多維業績指標，即業績評價多元化觀（Measurement Diversity）。業績指標多元化是否能夠提高組織業績？眾多學者對該問題存有爭議。所謂「評價什麼就得到什麼」，通常管理者有動機去關注有業績指標對其績效進行評價的活動，而往往忽視上級管理者不對其績效進行評價的活動。業績評價指標的單一性可能導致管理者只關注能夠實現該業績指標的活動，甚至以犧牲其他與實現企業戰略相關但是沒有進行評價的活動為代價，出現「功能紊亂」（Dysfunction）行為，提高管理者的代理成本。根據經濟學中的代理理論觀點，

以實現企業經營戰略為目標，對管理者行為進行全方位業績評價，將有助於降低管理者的功能紊亂行為和代理成本。因此，改變傳統的單一財務業績評價指標體系，引入主觀和客觀非財務指標體系，提高業績評價指標體系的多元化和綜合性，激勵和約束管理者的行為，進而實現企業經營戰略，改善企業業績。所以，增加業績評價指標的多元化，能夠改善企業業績。大量實證研究文獻已經證明，在不存在業績評價成本的情況下，包含非財務指標的激勵措施能夠改善管理者合約的有效性，因為僅僅從財務指標的角度不能全面反應管理者為實現企業經營戰略做付出的努力（Datar et al., 2001; Feltham 和 Xie, 1994; Hemmer, 1996）。分析式研究進一步證明使用主觀業績評價指標所帶來的收益。由於管理者行為不能完全由客觀業績指標衡量，主觀業績指標與客觀業績指標存在互補關係，對客觀業績指標不能衡量的行為進行一個有效的補充，使得整個業績評價體系更加全面、公平，因此主觀業績指標有助於緩解客觀業績指標導致的管理行為扭曲。Said et al.（2003）運用問卷數據和檔案數據實證檢驗非財務指標的使用（設置虛擬變量）對公司當前和未來業績（總資產報酬率 ROA 與市場回報率）的影響。研究發現，非財務業績指標的使用能夠顯著改善公司當年和未來的市場業績表現，部分支持對會計業績的影響，而且非財務業績指標與公司業績之間的關係隨著公司經營和競爭特徵的變化而有所變化。Ittner、Larcker 和 Randall（2003）使用 140 家美國金融服務公司的數據，實證檢驗了兩種戰略業績評價方法（評價指標多元化、與公司戰略和價值驅動因素的匹配）、評價系統滿意度和經濟價值（ROA、銷售增長率、第一年市場收益率、第三年市場收益率）三者之間的關係。研究發現，評價指標多元化（尤其是廣泛使用非財務指標）比採取類似戰略或價值驅動因素的公司獲得更高的評價系統滿意度，具有更高的市

場回報。Banker、Potter和Srinivasan（2000）使用一家酒店管理公司經營的18家賓館72個月的時間序列數據，實證檢驗非財務指標對公司未來業績的影響。研究發現，顧客滿意度指標與公司未來財務業績顯著正相關，而且實施包含非財務指標的激勵計劃之後，公司未來的非財務與財務業績都有所改善。Ittner和Larcker（1998）使用客戶、經營單元和公司三個層面的數據考察客戶滿意度指標的價值相關性。研究發現，客戶滿意度指標與未來會計業績顯著正相關；客戶滿意度指標對股市具有經濟價值，但是僅部分地反應在當前會計帳面價值中，該指標的公布能夠帶來股票的超額收益。張川等（2006）通過對76家中國國有企業的實證研究，發現企業的服務滿意度與未來的銷售利潤率和淨資產收益率呈正相關關係。進一步地，張川等（2008）通過對158家中國企業的調查問卷數據，從代理理論角度發現非財務指標採用程度與企業績效正相關。

2.2.2 權變理論視角

權變理論認為，每個組織的內在要素和外在環境條件各不相同，因而在管理活動中不存在一種適合於所有組織環境的最優管理原則和方法。成功管理的關鍵在於對組織內外環境的充分瞭解和有效的應變策略。基於權變理論的研究認為業績評價系統的最優設計依賴於組織的特徵和組織所面臨的經營環境。業績評價系統的設計和使用過程中，不同的組織環境下企業應該使用不同的業績評價指標體系（Otley，1980）。根據權變理論的思想，加入非財務指標的綜合業績評價系統也不一定適合於所有的企業，要想改善業績評價系統的功能，必須選擇與企業特徵和組織環境相匹配的業績評價指標。Langfield – Smith（1997）認為業績評價指標的選擇必須與企業的經營戰略和價值驅動因素（Value Driver）相匹配。因此，企業業績評價系統所

使用的業績評價指標並不是越多越好，引入的非財務指標也不是越多越好，高於或低於企業戰略或價值驅動因素所需要的業績評價指標，都會降低業績評價系統的功能，進而損害企業的業績。張川等（2008）以158家中國企業的調查問卷數據，從權變理論角度發現相對於選擇差異化戰略的企業，選擇成本領先戰略的企業採用非財務指標會得到更好的業績後果。這與已有的英文文獻研究結論不一致。Fleming et al.（2009）通過對104家中國製造業上市公司的實證檢驗，發現採取增長戰略的企業，更傾向於採取綜合業績評價系統，最終得到更高的戰略業績。

只有當業績評價系統與組織戰略匹配程度較高時，組織業績才能提高。Ittner和Larcker（1995）、Chenhall（2003）認為缺乏檢驗「戰略→業績評價→業績」三者關係的經驗證據，其中僅有的幾篇關於生產戰略的研究得出的結論還模棱兩可。同時，已有的研究大多數都是將業績指標劃分為財務業績指標和非財務業績指標，這種分類方式較為粗糙。Van der Stede et al.（2006）將非財務指標進一步劃分為客觀非財務指標和主觀非財務指標，發現重視質量生產戰略的企業更多地使用客觀與主觀非財務指標，但是只有質量生產戰略與主觀非財務指標的適當匹配能夠提升企業的業績。胡奕明（2001）提出價值相關分析方法，認為非財務指標的選擇應以對價值貢獻的多少為基準。也就是說，業績指標選擇的終極標準就是以價值為導向。按照權變理論的思路，首先應該從確定企業價值的驅動因素開始，然後根據企業的內外部環境確定企業採取的經營戰略，最終選擇能夠實現企業經營戰略的業績評價指標。

2.3　本章小結

　　20世紀90年代開始，中國學者開始關注中國企業業績評價問題。特別是隨著中國政府監管部門於1999年頒布《國有資本金效績評價規則》之後，中國學術界圍繞業績評價問題的研究熱情更是空前高漲。此後，為了加強對國有企業的管理，國資委等相關部委陸續出抬《國有資本金效績評價操作細則》《企業集團內部效績評價指導意見》《中央企業綜合績效評價實施細則》等文件，其中只有《企業集團內部效績評價指導意見》涉及企業內部管理業績評價，其他的規範都是關於企業外部業績評價問題的。在此制度背景下，中國學者就國有企業績效評價問題發表了大量的論文，但是大多數論文均採用規範研究方法，其主要研究內容就是借鑑國外最新的企業績效評價工具，認為中國企業績效評價應該引入非財務指標，建立綜合業績評價體系，實現國有資本的保值增值目標。

　　雖然國外關於業績評價指標選擇的經驗研究文獻較多，但是國內對於該問題的經驗研究還較少。另外一方面，關於該問題的理論探討文獻卻很多，尤其是在中國政府部門對國有企業績效評價越來越重視的情況下，國內學者對該問題的研究也逐漸增多。誠然，我們對該問題的理論認識比較清晰，但是關於企業內部管理業績評價問題並沒有引起學者的足夠重視，而更多的是關注企業外部績效評價，更談不上經驗研究了。眾多的理論研究結論沒有得到中國企業數據的驗證，那我們對該問題的認識始終是有缺陷的。本書正是基於國內外的學術研究現狀和中國特殊的制度背景下，運用經驗研究方法考察中國企業的

內部管理業績評價指標選擇問題，以推進我們對該問題的理論認識。中國學者張川對該問題進行了一定的探索，並獲得了一些有價值的研究結論，但是部分研究結論與我們通常的認識存在偏差。那麼存在偏差的原因是什麼？其內在作用機制究竟如何？這是引發本書選題的一個重要原因。通過對中國制度背景的深入分析，結合國內資本市場會計研究的一貫設計思路，本書將從樣本企業性質的角度分析不同樣本企業在該邏輯路徑「環境→戰略→業績評價→企業業績」的不同表現。如果能夠將該問題進行更深層次的研究，將有助於我們更清晰、更準確地認識中國國有企業與民營企業不同的管理模式，也為業績評價研究文獻做出貢獻。

3
制度背景與理論基礎

要科學認識經營戰略對企業業績評價系統的作用機理，有必要清晰地梳理國內外企業業績評價系統的發展過程，以充分展現企業業績評價指標體系研究的實踐基礎。在此基礎上，本章進一步地分析企業業績評價指標選擇的理論基礎，以深化對企業業績評價指標選擇的理論認識。

3.1 西方企業業績評價的歷史演進

隨著社會經濟的發展進步，企業內部管理實踐的變革也在不斷向前推進。作為企業內部管理實踐的重要一環，企業業績評價技術與企業內部管理實踐的發展相伴相隨。已有文獻對西方企業業績評價發展史進行了較為科學、詳盡的劃分與分析，其中具有代表性的研究是張蕊（2001）和池國華（2005）。張蕊（2001）將西方企業經營業績評價發展史劃分為三個時期：成本業績評價時期（19世紀初—20世紀初）、財務業績評價時期（約20世紀初—20世紀90年代）和企業業績評價指標體系的創新時期（20世紀90年代至今）。池國華（2005）從企業內部業績評價的角度將西方企業業績評價劃分為五個階段：成本業績評價時期、會計業績評價時期、經濟業績評價時期、戰略業績評價時期和利益相關者業績評價時期。後者在前者研究的基礎上，將西方企業業績評價體系的演進史進一步細分和擴充。儘管後者的研究能夠更加清晰地展現業績評價體系的歷史演進過程，但是這五個階段的歸類並不明確，未形成邏輯一致的時期劃分。其實，會計業績評價時期與經濟業績評價時期就是財務業績評價時期，只是經濟業績評價是在傳統以會計數字為基礎的業績評價不適應企業管理的情況下出現的更有管理效能的一

種評價方法。而戰略業績評價時期與利益相關者業績評價時期就是企業業績評價的創新時期，戰略業績評價時期的代表性工具是平衡計分卡，利益相關者業績評價時期的代表性工具是績效三棱鏡。利益相關者理論認為，企業是利益相關者的合約，而利益相關者主要包括投資者、管理者、員工、顧客、供應商、政府、社區等。平衡計分卡只考慮了股東、顧客與員工三個利益相關者的利益，績效三棱鏡就是針對平衡計分卡的不足而提出的。同時，績效三棱鏡也具有戰略管理理念和功能，只是其更加全面地考慮了其他利益相關者的利益。因此，池國華（2005）提出的戰略管理業績評價時期與利益相關者業績評價時期可以合併為戰略業績評價時期。根據對已有文獻的回顧和上述的理論分析，本書將西方企業業績評價演進史劃分為三個階段：成本業績評價時期（19世紀初—20世紀初）、財務業績評價時期（20世紀初—20世紀90年代）和戰略業績評價時期（20世紀90年代至今）。

3.1.1 成本業績評價時期（19世紀初—20世紀初）

對於一個企業而言，管理控制系統是上下級管理者之間實現有效溝通的重要信息渠道。管理控制系統所生產的管理控制信息是有關企業內部管理的信息，其有利於上級管理者對下級管理者的控制、評估與激勵。但是，在19世紀之前，企業內部並不存在管理層級和長期雇員，幾乎不需要管理控制信息。因此，19世紀以前，並不存在現代意義上的業績評價，更不用說業績評價系統。由於工業革命的興起，具有內部層級結構的企業開始大量出現在紡織、鐵路和鋼鐵產業中，這些企業的出現進一步催生了對管理控制信息的需求（池國華，2005）。

19世紀上半葉，紡織業得到了迅速的發展。由於紡織企業規模的擴大和企業內部管理層級的建立，企業主需要對內部管

理者的經營業績進行評估,並據此對管理者進行激勵與約束。於是,紡織業企業主開始在梳理、紡織、編織和漂白過程中按照每碼成本或每磅成本建立內部經營效率評價指標(張蕊,2001)。雖然早期的業績評價指標很簡單,但是這些指標有助於企業主監督內部管理者,有效地滿足了企業主的需要,極大地促進了多過程生產、多層級企業的發展。

19世紀中期,鐵路企業是當時規模最大、經營最複雜、部門最分散的企業組織。為了監督分散在各地的下級管理者,鐵路企業的管理者根據鐵路管理的實際設計了適合的業績評價指標,如每噸公里成本、每位顧客公里成本等。這些指標都有效地幫助了鐵路企業的管理者評估企業經營效率。鐵路業管理者創立的許多管理新方法被應用到隨後發展起來的鋼鐵企業。一批重視成本管理的鋼鐵企業家,利用成本計算單對成本進行控制,並依次為依據評價部門管理者和員工的業績乃至整個企業的業績。

19世紀末,隨著資本主義經濟的進一步發展,傳統的成本評價制度作為一種事後的分析計算方法,不利於企業的預測與控制,已不能滿足資本家最大限度地提高生產效率以攫取利潤的目的。於是,建立一套以成本控制為核心的成本會計制度成為必要。1903年,泰羅創建了科學管理理論,其主要思想是將企業內部生產程序標準化,以此提高企業的生產效率,降低生產成本,提高企業利潤。在此基礎上,1911年會計學者哈瑞創建了標準成本制度。標準成本制度的建立,轉變了人們的成本控制觀念,由被動的事後分析轉變為主動的事前預算和事中控制,從而實現企業的成本控制目標。因此,該時期評價企業經營業績的主要指標就是標準成本的執行情況和差異分析結果(張蕊,2001)。這個時期設計業績評價指標的目的並不是為了評價企業的總體利潤,而是為了核算企業生產成本以激勵部門

管理者提高企業的管理效率。

3.1.2　財務業績評價時期(20世紀初—20世紀90年代)

　　財務業績評價時期經歷了兩個階段：會計業績評價時期與經濟業績評價時期。這兩個階段的顯著特徵都是對企業的財務業績進行評價，所不同的是會計業績評價時期主要從利潤、銷售利潤率、投資報酬率等財務指標角度評價企業的財務業績，並沒有考慮企業的權益資本成本。針對傳統會計業績評價指標的缺陷，股東價值最大化的價值管理觀念催生出經濟業績評價技術。

　　20世紀初至20世紀70年代屬於會計業績評價時期。20世紀初，資本主義經濟已進入穩步發展階段，自由競爭已經發展到壟斷競爭，從事多種經營的大型企業得到迅速的發展。此時，傳統的成本業績評價方法已經不能滿足大型犬企業集團對部門或者分部的管理。1903年，為了協調多層級的企業組織結構和資源的有效配置，杜邦公司管理層提出具有創新性的企業管理方法，設計多個業績評價指標，其中最具影響力的是投資報酬率，該指標為評價企業整體和部門業績提供了重要的依據，有效地促進了企業管理效率的提升。投資報酬率可以進一步分解為兩個重要的財務指標——銷售利潤率和資產過轉率，這兩個指標成為企業財務業績分析的重要依據。隨著杜邦公司、通用汽車公司等多部門企業的發展，投資報酬率指標的應用範圍才得到拓展。到了20世紀70年代，投資報酬率成為應用最為廣泛的財務業績評價指標。儘管當時非財務指標已經開始出現，但是從20世紀初到20世紀80年代，業績評價的主流指標還是以銷售利潤率、投資報酬率等為代表的會計業績指標。

　　會計財務指標雖然應用廣泛，但隨著現代市場經濟的發展，價值管理觀念越來越深入人心，企業的目標從利潤最大化發展

為股東價值最大化。企業管理思想的轉變同時也影響著傳統業績評價方法的改變，傳統的業績評價方法越來越無法反應企業真實的經營業績。在這種背景下，美國先後出現了幾種新的業績評價方法，其中最引人注目的方法就是經濟增加值（EVA）評價方法。EVA（Economic Value Added）指標是由美國紐約 Stern Stewart 公司於 1991 年正式提出的。該公司每年計算全美1,000 家上市公司的經濟增加值（EVA）和市場增加值（MVA），並在《財富》雜誌刊登。EVA 指標最突出的特點是從股東角度定義利潤，同時考慮債務資本成本和權益資本成本，並通過對會計帳項的調整更加真實地反應了企業業績。投資收益率高低並非企業經營狀況好壞和價值創造能力高低的評估標準，關鍵在於其是否超過權益資本成本。與傳統財務業績指標相比，EVA 指標的設計著眼於企業的長期發展，鼓勵企業管理者做出能給企業帶來長遠利益的投資決策，如企業的研發投資、人力資源投資等。同時，將管理者的報酬與 EVA 指標掛勾，能夠優化企業的資源配置效率，有效地約束管理者的機會主義行為，促使管理者更加關注企業的長期價值最大化。

3.1.3　戰略業績評價時期（20 世紀 90 年代至今）

20 世紀 90 年代以來，以美國為代表的西方成熟市場經濟體開始由工業經濟向知識經濟轉軌。強調財務資本重要性的工業經濟時代，開始逐漸意識到智力資本對企業發展的重要性。知識資本已成為經濟發展的原動力，體現於生產技術和管理技術中的知識資本是企業發展的核心資源，是影響企業價值增長的關鍵驅動因素[1]。因此，培育企業的核心競爭力實現企業的可持續發展就成為企業管理者需要思考的重要問題。企業管理者越

---

[1] 微軟和英特爾公司不約而同地說出這樣的心聲：「員工下班之後，公司幾乎一無所有！」

來越深刻地意識到有必要對企業財富創造過程進行管理，對價值創造的動因進行管理，培育企業的核心競爭力。也就是說，管理者在業績評價環節，不僅需要評價企業的財務業績，還需要關注非財務業績，如員工的學習與創新能力、內部業務流程、市場與客戶滿意度等。面對不同的市場競爭環境，企業需要採取不同的競爭策略，其關注的核心競爭能力有所不同，需要重點考察的非財務業績也有所差異。但是，傳統的財務業績評價方法無法充分揭示創造價值的動因及其可持續性問題，也就無法預測企業未來財務績效。據此，實務界與理論界逐漸將企業戰略、非財務指標與財務指標聯繫起來，逐步從財務業績評價時期過渡到戰略業績評價時期。

　　戰略業績評價模式最具代表性的是平衡計分卡。1992年，卡普蘭（Robert S. Kaplan）和諾頓（David P. Norton）在《哈佛商業評論》（*Harvard Business Review*）上發表一篇題為《平衡計分卡：驅動業績的指標》（*The Balanced Scorecard*：*Measures that Drive Performance*）的文章，標誌著以平衡計分卡為代表的戰略業績評價方法的誕生。作為20世紀90年代最重要的管理會計創新之一，平衡計分卡較好地解決了企業戰略、評價指標和業績之間的關係問題，受到理論界和實務界的廣泛關注。於是，一種體現「環境→戰略→行為→過程→結果」一體化邏輯基礎，以戰略為導向，立足財務指標，財務指標與非財務指標相融合，具有「因果關係」的戰略業績評價理念便應運而生（胡玉明，2009）。在保留主要財務指標的同時，平衡計分卡引入創造企業價值的動因：顧客、內部業務流程、學習與成長。上述四個維度構成平衡計分卡的基本框架，但是平衡計分卡既不是這四個維度的簡單組合，也不是非財務指標與財務指標的簡單拼湊，它是與企業戰略相聯繫的有機整體。財務是最終目標，顧客是關鍵，內部業務流程是基礎，學習與成長是核心（胡玉明，

2010)。基於21世紀的戰略管理情境，以戰略為導向的業績評價理念和方法顯得尤其重要，企業戰略決定了應該關注的業績評價指標及其權重。任何偉大戰略的實施都離不開財務資源的支持，而任何戰略之所以偉大就在於最終能夠創造財務資源。平衡計分卡的理念與此不謀而合，其立足於財務指標，但又超越財務指標，充分揭示出財務指標的驅動因素以實施企業戰略。也許每個企業都制定了偉大的戰略，但是偉大的戰略並不會自然實現，它需要一個設計精良的戰略實施系統，平衡計分卡正好滿足了戰略實施的需要，其通過業績指標的選擇描述戰略，化戰略為行動，從而能夠有效地實施戰略。

在一個組織中，平衡計分卡將戰略轉化為可操作的經營指標及每位組織成員的日常工作任務，是企業戰略實施的基本工具。儘管平衡計分卡四個維度具有內在邏輯性、環環相扣，但是其主要考慮股東、顧客與員工三個利益相關者，在實踐運用中存在一定的缺陷。對組織而言，要在21世紀保持基業長青，必須考慮所有重要的利益相關者的訴求，由於這些利益相關者對組織創造價值的能力具有重大的影響，組織需要努力地去滿足這些訴求，才能讓組織最大化地創造價值。誠然，股東、顧客與員工是企業重要的利益相關者，但是他們只是企業所有利益相關者中的一部分。在現代信息經濟社會中，如果僅僅考慮他們三者的利益，而忽視其他利益相關者的需求將是一種短視且不可持續的做法。基於此，Neely et al.（2002）以利益相關者理論為基礎提出一種新的業績管理框架——業績三棱鏡（Performance Prism）。利益相關者理論認為，任何一個企業都有許多利益相關者，如股東、顧客、員工、供應商、政府、社區等，他們都對企業進行了專用性投資並承擔由此帶來的風險，企業的生存與發展取決於它能否有效地滿足各種利益相關者的需求以及滿足這些需求的程度。企業要實現可持續發展，首先就必

須清楚地瞭解企業的利益相關者及其需求；然後根據各利益相關者的需求制定經營戰略，通過戰略的有效實施以滿足利益相關者的需求；為了實施戰略，企業必須建立能夠有效執行戰略的流程；為了保證流程的順利執行，必須具備相應的核心能力；最後，企業應該與利益相關者建立良好的互動關係，在滿足利益相關者需求的同時也獲取他們對企業的貢獻。因此，績效三棱鏡包括相互聯繫的五個構面，分別代表利益相關者的需求、貢獻、戰略、流程和能力。對於每個利益相關者，都需要從這個五個方面進行業績評價。績效三棱鏡的上底代表利益相關者的需求，即需要明確企業的主要利益相關者及需求；績效三棱鏡的下底代表利益相關者的貢獻，即利益相關者可以給企業帶來什麼？三棱鏡的三個側面分別代表戰略、流程和能力，為了滿足利益相關者的需求，企業需要制定何種戰略？企業需要何種流程才能有效地執行企業戰略？企業需要何種核心能力以順利地運作該流程？相比平衡計分卡來說，績效三棱鏡更加全面地考慮了企業的利益相關者，滿足企業的利益相關者需求並不斷獲得利益相關者的支持，強調企業與利益相關者的互動關係。池國華（2005）認為績效三棱鏡與平衡計分卡最大的不同在於績效三棱鏡業績評價的起點不是公司戰略，而是利益相關者分析。然而，本書認為績效三棱鏡與平衡計分卡並不存在本質的區別，兩者都是戰略業績評價工具。平衡計分卡在制定企業經營戰略之前，也需要分析利益相關者的需求，只是說其關注的利益相關者主要是三個：股東、顧客與員工，最終目的是實現企業價值最大化。更何況，四個維度只是平衡計分卡的一個基本框架，其本身是一個開放性的系統，企業完全可以也應該根據其戰略和行業特徵，設計與其管理情境相匹配的平衡計分卡[①]

---

① 胡玉明教授認為平衡計分卡就是一種管理理念，管理理念本身與管理理念的運用並不是一回事，管理理念的運用涉及經理人身臨其境地感悟企業的管理情境。

（胡玉明，2009）。運用平衡計分卡的企業也可以根據企業的經營戰略和所在行業的特徵對四個維度做出適當的調整，這也就意味著完全可以增加股東、顧客與員工以外的其他利益相關者。因此，平衡計分卡與績效三棱鏡在管理理念上是同質的，都是一種戰略管理工具。

綜上所述，從20世紀初期以成本控制為核心的成本模式到20世紀中期以財務業績為核心的財務模式，再到20世紀末以股東、顧客與員工為核心的平衡模式，直到21世紀以利益相關者為核心的利益相關者模式，業績評價的價值取向逐漸呈現出從單一的投資者到多元利益相關者的演變趨勢（溫素彬、黃浩嵐，2009）。

3.2 中國企業業績評價的發展歷程

由於中國是從計劃經濟體制漸進式地轉軌為市場經濟體制，而且目前正處於轉軌經濟過程中，因此中國企業的管理方式被經濟體制打上了深深的烙印。不可避免地，中國企業的業績評價理論與方法具有濃厚的中國特色。相比西方成熟市場經濟體，中國經濟較多地受到政府干預行為的影響，不止表現在宏觀經濟干預政策上，還表現在社會微觀領域的實際運行過程中，比如國有企業的內部管理問題。中國經濟發展目標是建立社會主義市場經濟體制，其不同於西方資本主義國家以私有制經濟為主體的市場體系，關係中國經濟發展命脈的重點行業和領域被大量國有經濟所掌控，突出地表現在大量央企和地方國有企業的存在，並對國家重點行業的發展形成壟斷的局面，比如能源、電信等行業。基於此背景，為了加強國有企業的管理與控制，

國家相關部委陸續頒布一系列的企業業績考核辦法，以達到國家的經濟發展目的。由此可以看出，中國經濟發展方向的確立與調整對中國企業業績評價的發展歷程產生了重要的影響。企業業績評價指標體系的變化是企業經營環境的變化內生的。

中國企業業績評價的演進過程具有其不同於西方發達經濟體的顯著特徵，最初產生的業績評價方法並不是出於增強企業誠信和提高資源配置效率的需要，而是為了加強國有企業管理，保障企業實現政府目標的計劃管理措施之一[①]。隨著中國國有企業改革的不斷向前推進，中國企業業績評價制度與國有企業改革相輔相成。通過詳細地梳理中國政府相關部委與管理機構頒布的業績評價規範與指南（見表3.1），本書將中國企業業績評價指標體系的發展過程分為四個階段。

表3.1　　中國企業業績評價指標體系的發展過程

時間	名稱	發布機構	業績評價指標	特點
1949—1976年	無	無	產量、質量、節約降耗等	對國有企業實行高度集中的計劃經濟管理體制
1977年	《工業企業8項技術經濟指標統計考核辦法》	國家計委	產品產量、品種、質量、原材料燃料動力消耗、流動資金、成本、利潤和勞動生產率	為促進企業全面完成國家計劃，提高經濟效益
1992年	《工業經濟評價考核指標體系》	國家計委、國務院生產辦、國家統計局	產品銷售率、資金利稅率、成本費用利潤率、全員勞動生產率、流動資金週轉率和淨產值率	國有企業業績評價方法的歷史進步，對企業經營管理行為具有導向作用，得到廣泛的認可和使用

---

① 王化成，等．企業業績評價［M］．北京：中國人民大學出版社，2004：198.

表3.1(續)

時間	名稱	發布機構	業績評價指標	特點
1993年	《企業財務通則》	財政部	流動比率、速動比率、應收帳款週轉率、存貨週轉率、資產負債率、資本金利潤率、營業收入利稅率和成本費用利潤率	從償債能力、營運能力和獲利能力方面評價企業經營業績，仍具有計劃經濟色彩
1995年	《企業經濟效益評價指標體系（試行）》	財政部	銷售利潤率、總資產報酬率、資本收益率、保值增值率、資產負債率、流動比率、應收帳款週轉率、存貨週轉率、社會貢獻率和社會累積率10項指標	從投資者、債權人和社會貢獻三方面評價企業，引導企業提高綜合經濟效益
1997年	對1992年《工業經濟評價考核指標體系》進行修訂	國家經貿委、國家計委、國家統計局	總資產貢獻率、資本保值增值率、資產負債率、流動資產週轉率、成本費用利潤率、全員勞動生產率和產品銷售率7項指標	從盈利能力、償債能力、營運能力和發展能力四個方面評價工業經濟的整體運行狀況
1999年	《國有資本金效績評價指標體系》	財政部、國家經貿委、人事部、國家計委	8項基本指標、16項修正指標和8項評議指標，分別從財務效益狀況、資產營運狀況、償債能力狀況和發展能力狀況四個方面對企業業績進行綜合評價	初步形成財務指標與非財務指標、客觀指標與主觀指標的相結合的業績評價指標體系
2002年	《企業效績評價操作細則(修訂)》	財政部、國家經貿委、中央企業工委、勞動保障部和國家計委	8項基本指標、12項修正指標和8項評議指標	對1999年《國有資本金效績評價操作細則》的修訂，進一步完善了企業效績評價方法

表3.1(續)

時間	名稱	發布機構	業績評價指標	特點
2003年	《中央企業負責人經營業績考核暫行辦法》	國務院國有資產監督管理委員會	涵蓋年度考核和任期考核，由基本指標和分類指標組成。年度考核的基本指標是年度利潤總額和淨資產收益率，分類指標綜合考慮反應企業經營管理水平及發展能力等因素確定；任期考核的基本指標是國有資產保值增值率和三年主營業務收入平均增長率，分類指標綜合考慮反應企業可持續發展能力及核心競爭力等因素確定	國資委根據企業所處行業和特點，客觀財務指標與主觀定性評價相結合，評價結果與經營者薪酬掛勾
2006年	《中央企業綜合績效評價管理暫行辦法》	國務院國有資產監督管理委員會	企業綜合績效評價分為任期績效評價和年度績效評價。由反應企業盈利能力狀況、資產質量狀況、債務風險狀況、經營增長狀況四方面內容的22個財務績效指標和8個管理績效指標組成	引入了反應企業戰略管理、經營決策、發展創新、風險控制、基礎管理、人力資源、行業影響、社會貢獻等方面的管理績效指標
2009年	《中央企業負責人經營業績考核暫行辦法（修訂）》	國務院國有資產監督管理委員會	年度業績考核基本指標包括利潤總額和經濟增加值指標，分類指標綜合考慮企業經營管理水平、技術創新投入及風險控制能力等因素確定；任期業績考核以三年為考核期，基本指標包括國有資本保值增值率和主營業務收入平均增長率，分類指標綜合考慮企業技術創新能力、資源節約和環境保護水平、可持續發展能力及核心競爭力等因素確定	突出企業價值創造；加強對企業自主創新、做強主業和控制風險的考核，引導企業關注長期、穩定和可持續發展

3.2.1 實物量評價階段

20世紀70年代以前，中國處於計劃經濟時期，實行高度集中的計劃經濟管理體制，國有企業只是作為國家經濟管理部門的派生機構，並不具有經營自主權。國有企業使用由政府無償劃撥的資金和生產要素，由政府根據國家發展的需要制定生產的產品種類、規格、產量，實行統收統支，利潤上繳，損失核銷的管理機制。在此背景下，政府對國有企業的業績考核以實物量考核為主，國有企業的主要考核指標是產量、質量、安全生產、降耗等。雖然產值和利潤指標也在國有企業業績考核範圍之內，但是國有企業所需的生產資料等由政府定價，產品也由國家按照計劃價格收購，企業的生產成本並不能真實地反應出來，因此該時期的利潤指標並不能真實地反應企業經營業績。況且這種以實物量為主的業績考核方法會助長國有企業經營人員不計成本地擴大企業規模，從而造成國有企業經營效率的低下，不利於企業的技術創新。

3.2.2 產值和利潤評價階段

20世紀70年代末至90年代初，政府對國有企業的業績考核主要以產值和利潤考核為主。20世紀70年代末，中國開始實施改革開放，監管部門和理論界逐漸認識到擴大國有企業經營自主權對提高經濟效率的重要性。為了提高國有企業經濟效益，1977年國家計委發布《工業企業8項技術經濟指標統計考核辦法》，該辦法以產量、品種、質量、流動資金、成本、利潤和勞動生產率等指標考核國有企業。此後，國家擴大國有企業的經營自主權，對國有企業開始逐步實施放權讓利式改革。隨著國有企業經營自主權的擴大，國有企業擁有了較為獨立的商品生產權。國家對國有企業的考核逐步過渡到以產值和上繳利稅為

主要指標的考核階段。但是，國家對國有企業的業績考核並未完全拋棄計劃控制，卻已深刻認識到單一考核指標已不能適應國有企業的業績管理，開始逐步使用綜合業績評價體系。

20世紀80年代後期，國有企業改革引入承包制。國家為國有企業規定利潤承包指標，如果企業完成利潤指標，允許企業按比例實施利潤留成，並將企業的工資福利與企業的利潤掛勾。1998年年底，承包制已經在國有大中型企業全面鋪開，達到93%。雖然大部分國有企業都實行了承包制，但是國家作為所有者對國有企業經營業績進行綜合考核的問題並沒有得到真正的解決，反而出現了企業經營者利用經營自主權侵占國有資產的現象。因此，這一時期採取的單純以利潤或上繳利稅為主要內容的考核辦法，客觀上導致了國有企業經營行為的短期化。

3.2.3 投資報酬率評價階段

20世紀90年代開始，社會主義市場經濟逐漸取代傳統的計劃經濟，現代企業制度逐步建立，中國開始探索以投資報酬率為核心的業績評價指標體系。

在總結80年代國有企業改革的經驗教訓基礎上，1991年中央工作會議提出將經濟工作重點轉移到經濟效益上來，防止片面追求速度和產值，忽視企業經濟效益的現象發生，突出效益指標作為工業企業考核的重要指標。為了貫徹中央經濟工作會議精神，1992年國家計委等部門提出6項考核工業企業經濟效益的指標，包括產品銷售率、資金利稅率、成本費用利潤率、全員勞動生產率、流動資金週轉率、淨產值率。這套指標體系對國有企業的經營管理行為具有明顯的導向作用，是國有企業業績評價方法的重大進步。1993年黨的十四屆三中全會明確提出國有企業改革的方向是建立適應市場經濟要求的現代企業制度。為了滿足現代企業制度建設的需要，1993年財政部頒布

《企業財務通則》，分別從償債能力、營運能力和盈利能力三個方面評價企業財務狀況與經營成果。在此基礎上，1995年財政部公布了企業經濟效益評價指標體系，包括銷售利潤率、總資產報酬率、資本收益率、保值增值率、資產負債率、流動比率、應收帳款週轉率、存貨週轉率、社會貢獻率、社會累積率10項指標。1997年國家根據新的形勢對1992年頒布的工業企業經濟效益評價指標體系進行了調整，包括資本保值增值率、總資產貢獻率、資產負債率、流動資產週轉率、全員勞動生產率、成本費用利潤率和產品銷售率。這兩套評價指標體系是企業經營業績評價方法的巨大進步，對糾正片面強調產值和發展速度具有重要的意義。但是，也存在局限性，缺乏反應企業成長性的指標，容易誘發企業的短期行為；將稅收作為企業的經濟效益進行考核，具有強烈的行政色彩。

20世紀90年代末，政府對國有企業的管理逐步轉向對國有資產的管理。1999年，財政部等部委頒布《國有資本金效績評價規則》和《國有資本金效績評價操作細則》，包括8項基本指標、16項修正指標和8項評議指標，分別從財務效益狀況、償債能力狀況、資產營運狀況和發展能力狀況四個方面綜合評價企業業績。2002年，財政部等部委對1999年頒布的《國有資本金效績評價操作細則》進行修訂，重新頒布了《企業效績評價操作細則（修訂）》。修訂後的操作細則包括8項基本指標、12項修正指標和8項評議指標構成，具體構成及權重見表3.2。

2006年，為加強對國資委履行出資人職責企業的財務監督，規範企業綜合績效評價工作，綜合反應企業資產營運質量，促進提高資本回報水平，正確引導企業經營行為，制定並頒布了《中央企業綜合績效評價管理暫行辦法》和《中央企業綜合績效評價實施細則》。該績效評價體系以投入產出分析為基本方法，對照相應行業評價標準，對企業特定經營期間的盈利能力、債務風險、資產質量、經營增長以及管理狀況等進行綜合評判。

表 3.2　　　　　　國有資本金效績評價指標及權重

指標類別(100分)	基本指標(100分)	修正指標(100分)	評議指標(100分)
一、財務效益狀況 (38分)	淨資產收益率(25) 總資產報酬率(13)	資本保值增值率(12) 主營業務利潤率(8) 盈餘現金保障倍數(8) 成本費用利潤率(10)	經營者基本素質(18) 產品市場佔有能力(16) 基礎管理水平(12) 發展創新能力(14) 經營發展戰略(12) 在崗員工素質(10) 技術裝備更新水平(10) 綜合社會貢獻(8)
二、資產營運狀況 (18分)	總資產週轉率(9) 流動資產週轉率(9)	存貨週轉率(5) 應收帳款週轉率(5) 不良資產率(8)	
三、償債能力狀況 (20分)	資產負債率(12) 已獲利息倍數(8)	速動比率(10) 現金流動負債率(10)	
四、發展能力狀況 (24分)	銷售增長率(12) 資本累積率(12)	三年資本平均增長率(9) 三年銷售平均增長率(8) 技術投入比率(7)	

企業綜合績效評價指標由 22 個財務績效定量評價指標和 8 個管理績效定性評價指標組成，如表 3.3 所示。

表 3.3　　　　　　中央企業綜合績效評價指標體系

評價內容與權數	財務績效(70%) 基本指標	權數	修正指標	權數	管理績效(30%) 評議指標	權數
盈利能力狀況 34	淨資產收益率 總資產報酬率	20 14	銷售利潤率 盈餘現金保障倍數 成本費用利潤率 資本收益率	10 9 8 7	戰略管理 發展創新 經營決策 風險控制 基礎管理 人力資源 行業影響 社會貢獻	18 15 16 13 14 8 8 8
資產質量狀況 22	總資產週轉率 應收帳款週轉率	10 12	不良資產比率 流動資產週轉率 資產現金回收率	9 7 6		
債務風險狀況 22	資產負債率 已獲利息倍數	12 10	速動比率 現金流動負債比率 帶息負債比率 或有負債比率	6 6 5 5		
經營增長狀況 22	銷售增長率 資本保值增值率	12 10	銷售利潤增長率 總資產增長率 技術投入比率	10 7 5		

3.2.4 經濟增加值評價階段

2009年年底，國資委發布了新修訂的《中央企業負責人經營業績考核暫行辦法》，決定從中央企業負責人第三任期（2010—2012）開始，全面推行經濟增加值考核。在整個業績評價指標中，經濟增加值指標權重為40%，而利潤總額指標只占30%。由此看出，國資委對中央企業的關注重點由企業資產規模和利潤總額轉移到了以經濟增加值（EVA）為導向的價值創造能力。從2004年開始，年度考核與任期考核相結合的經營業績考核辦法在中央企業全面實施。對央企負責人的年度考核是小考，任期考核是大考。推行任期考核是為了使央企負責人立足於企業的長遠發展，避免短期行為。國資委建設業績考核管理制度，主要分為三個階段，從2004年開始，以三年為一個任期。第一任期（2004—2006）主要是解決建制度、上軌道的問題；第二任期（2007—2009）重點是上臺階、上水平；第三任期（2010—2012），國資委將在中央企業全面推行經濟增加值考核辦法，目的之一是引導企業科學決策、謹慎投資，不斷提升企業價值創造能力。總體來說，國資委業績考核管理分成三個階段：第一階段，以目標管理為重點，實施國有資產經營業績考核的起步工作；第二階段，以戰略管理為重點，將年度考核與任期考核結合起來；第三階段，以價值管理為重點，以EVA最大化為導向，建立起科學合理的國有資產業績考核體系[1]。

2003年，國資委頒布《中央企業負責人經營業績考核暫行辦法》，標誌著國資委將開始以出資人的身分對中央企業負責人進行業績考核。對中央企業負責人的考核涵蓋年度考核和任期考核，由基本指標和分類指標組成。年度考核的基本指標是年

---

[1] 趙治綱. 中國式經濟增加值考核與價值管理 [M]. 北京：經濟科學出版社，2010：88-89.

度利潤總額和淨資產收益率，分類指標綜合考慮反應企業經營管理水平及發展能力等因素確定；任期考核的基本指標是三年主營業務收入平均增長率和國有資產保值增值率，分類指標綜合考慮反應企業可持續發展能力及核心競爭力等因素確定。

2006年，國資委對《中央企業負責人經營業績考核暫行辦法》進行修訂，其基本考核方式和考核指標與2003年相比沒有大的差異。但是，本辦法中鼓勵企業使用經濟增加值指標進行年度經營業績考核。凡企業使用經濟增加值指標且經濟增加值比上一年有改善和提高的，給予獎勵。因此，第二任期可以認為是國資委推行經濟增加值指標的過渡階段，雖然沒有將經濟增加值指標的使用寫入該辦法，但是已經開始鼓勵央企使用經濟增加值指標，這也為第三任期的全面推行經濟增加值考核打下了基礎。

2009年，國資委第三次修訂《中央企業負責人經營業績考核暫行辦法》，提出年度業績考核基本指標包括利潤總額和經濟增加值指標，分類指標由國資委根據企業所處行業特點，針對企業管理「短板」，綜合考慮企業經營管理水平、技術創新投入及風險控制能力等因素確定；任期業績考核以三年為考核期，基本指標包括國有資本保值增值率和主營業務收入平均增長率，分類指標綜合考慮企業技術創新能力、資源節約和環境保護水平、可持續發展能力及核心競爭力等因素確定。國資委的第三次修訂突出企業價值創造；加強對企業自主創新、做強主業和控制風險的考核，引導企業關注長期、穩定和可持續發展。

3.3 業績評價指標選擇的理論基礎

3.3.1 代理理論

近 30 年來，代理理論（Agency Theory）成為管理會計研究尤其是業績評價研究中最為重要、最有影響力的理論基礎之一（Lambert，2006）。代理理論吸引管理會計研究者的主要特徵是能夠讓研究者將利益衝突、激勵問題和控制激勵問題的機制引入模型中進行研究，因為管理會計中的大多數問題都與激勵約束有關。從基礎層面上來講，在管理會計研究中代理理論主要解決兩大問題：一是管理會計系統特徵如何影響企業中的激勵問題？二是激勵問題的存在又是如何影響管理會計系統結構設計的？

在簡單的代理模型中，涉及兩類人：委託人和代理人。實質上，代理理論就是一種契約理論，當某人（委託人）委託他人（代理人）為自己做事時，就產生了委託代理關係。代理人為了委託人的利益而採取某些行動，委託人應向代理人支付相應的報酬，委託代理關係通過雙方共同認可的契約來確定各自的權利和義務。在現實中，委託代理關係具有普遍性，存在於一切組織，存在於企業的每一個管理層級上。代理理論的核心就是委託人為了實現自己的目標，必須設計一套有效的激勵機制，使得代理人能夠按照委託人的利益去行動，最大限度地增進委託人的利益。委託代理關係的實質就是契約問題，而契約問題的實質就是信息，其中委託人與代理人之間的信息分佈不對稱是最為重要的信息問題。在企業管理實踐中，所有權與經營權的分離，使得公司的管理者比所有者掌握更多的私有信息。

從企業內部管理層來講,下級管理者或者員工處於生產經營的一線,比上級管理者掌握著更多的生產經營信息。由於委託代理雙方信息的不對稱,以代理人佔有私有信息為特徵的信息不對稱產生兩種基本代理問題:第一,逆向選擇,即在執行契約之前,代理人佔有某些私有信息,可能造成委託人選擇一種對自己不利的契約;第二,道德風險,即在執行契約過程中,代理人佔有某些私有信息,據以選擇不利於委託人的利己行為,而委託人由於時間和精力有限,不可能完全監控代理人行為信息,就無法證實代理人選擇的行為是違背契約的。由於經濟主體的利己動機是普遍存在的,委託人與代理人的效用目標函數是不一致的,相關信息的分佈是不對稱的,因此代理人就可能選擇損害委託人的利己行為,這就產生了代理人的道德風險問題。為瞭解決道德風險問題,委託人通常設計激勵機制誘發代理人的努力程度,按照委託人的利益去行動。由於代理人的努力程度很難被觀察到,代理人有可能減少投入(時間或努力程度)或採取機會主義行為達到自我效用的最大化。委託人想使代理人按照自己的利益選擇行動,但委託人不能直接觀察到代理人的所有行動信息,能夠觀測到的主要是一些結果變量,這些結果變量由代理人的行動和其他的一些外生隨機因素共同決定[1]。委託人就是利用能夠觀察到的這些結果變量,設計相應的激勵約束合約,以激勵代理人選擇對委託人最有利的行動。激勵合約的主要表現形式就是業績評價系統和薪酬系統。Holmstrom(1979、1982)提出一個風險中性的委託人雇傭一個風險厭惡的代理人經營企業,如果代理人的行為都可以觀察,則委託人可以通過即時監督,消除代理人的偷懶行為和機會主義行為等代理成本,委託人可以給代理人一個固定工資實現最

---

[1] 張川. 業績評價指標的採用與後果——基於中國企業的實證研究[M]. 上海:復旦大學出版社,2008:9.

优。然而，現實中代理人的努力和外生隨機因素較多地表現為不可觀察，或者說即使可以觀察，但是監督成本太高而脫離了成本效益原則，僅僅可以觀察到企業的產出業績，那麼只能退而求其次選擇次優解。委託人與代理人風險共擔，代理人的報酬與企業產出相聯繫，激發代理人努力工作提高企業的產出。委託人設計一個業績評價系統，並將委託人期望的目標指標化①，最後以函數的形式將代理人的薪酬與業績評價指標聯繫起來。基於此契約，代理人選擇最有利於自身效用實現的一組行為向量，包括籌資、經營或投資決策。這些決策與其他外生隨機變量一起決定業績指標的實現程度②。委託人的主要問題就轉化為設計一個科學合理的、最能反應委託人利益的業績評價系統，並據此通過薪酬激勵系統獎懲代理人。

無論委託人採取何種方式激勵代理人努力工作，瞭解企業的真實業績是進行激勵的先決條件。我們知道，當代理人的行為不能直接被觀察但企業的業績可以觀察時，委託人通過讓代理人分享企業產出的方式能夠解決激勵約束問題。但是，實踐中企業產出也是一個內涵豐富的概念，比如短期業績與長期業績、財務業績與非財務業績、主觀業績與客觀業績、會計業績與經濟業績等。如果企業產出的計量結果與代理人的努力程度不相關或相關度不高，則可能出現激勵不相容問題。因此，對企業產出的業績計量也是需要一個系統、科學的方法才能準確地進行衡量。

如何對企業業績進行科學的計量？建立一個科學的業績評價系統對企業至關重要。業績評價系統包括評價目標、評價指標、評價標準和評價方法。其中，業績評價指標的選擇是最為

---

① 委託人目標指標化，即按照委託人的目標利益，運用一個或者一組業績評價指標對該目標利益進行衡量，以全面、準確地反應該目標利益。

② 高晨．管理者業績評價與激勵前沿問題研究——基於中國企業情境下的理論探索與創新 [M]．北京：經濟科學出版社，2010：34-35．

關鍵的因素。因此，代理理論在業績評價領域的一個重要應用就是對業績指標選擇標準的界定。Holmstrom（1979）首先提出業績評價指標引入激勵契約的選擇標準：信息含量準則。他認為決定一個業績評價指標是否引入代理人激勵契約中，首要標準就是看其是否具有信息含量，即這一指標的引入是否能夠提供關於代理人行為的增量信息。如果這一指標包含的信息具有已有的其他指標沒有完全包含的信息，則該指標就應該被納入激勵契約中。在此基礎上，Banker 和 Datar（1989）進一步發展了業績指標信息含量觀點，認為業績指標的信息含量主要包括兩個方面：敏感性[①]（Sensitivity）和準確性[②]（Precision）。Feltham 和 Xie（1994）認為一個好的業績評價指標應該具備兩大質量特徵：一致性[③]（Congruity）和準確性。我們認為敏感性與準確性意思相近，都是指業績評價指標對代理人行為的反應程度，可以將其合二為一。綜合上述文獻的觀點，業績評價指標的選擇標準是「一準則，二特徵」。「一準則」是指信息含量準則，只要該指標能夠提供關於代理人行為的增量信息，就應該將其選入激勵契約中；「二特徵」是指一致性和敏感性特徵，即首先業績評價指標反應的企業業績應該符合委託人的利益，然後該指標的變動主要受代理人行為的影響，受噪聲污染較少。

3.3.2 權變理論

權變理論（Contingency Theory）思想於 20 世紀 60 年代初開始萌芽，於 20 世紀 70 年代作為一個管理學派而形成。權變就是

[①] 敏感性是指代理人行為發生變動對該指標的影響程度。當影響程度大時，則敏感性高；反之亦反。

[②] 準確性是指業績評價指標對代理人努力水平進行反應的精確程度，或者代理人所無法控制的因素對業績評價指標的影響程度。影響程度越小，則該指標的準確性越高。

[③] 一致性是指代理人行為對業績評價指標的影響與對委託人預期收益的影響之間的相符程度。相符程度高，則該指標的一致性程度高。

隨機制宜、隨機應變。權變理論的核心思想就是組織的環境決定組織的設計。權變理論認為，在企業管理中企業組織結構的設計根據企業所面臨的內外部環境而定，企業環境發生變化則企業的組織結構需要做出相應的改變以適應組織環境，實踐中不存在一種普遍適用的管理理論與方法。權變理論的基本思想是企業管理方法與技術隨企業所面臨的內外部環境的變化而變化。管理因變量與環境自變量之間存在一種函數關係，即權變關係。作為因變量的管理思想、方法和技術隨環境自變量的變化而變化，以便更有效地達到組織目標（賀穎奇，1998）。企業環境可分為外部環境與內部環境。外部環境可以從宏觀和微觀兩個方面來劃分，外部宏觀環境指社會、政治、經濟、文化和法律等；外部微觀環境指競爭者、供應商、客戶等。內部環境指企業內部組織系統，包括組織結構、決策程序、協調機制等。對於組織來說，外部環境屬於外生變量，內部環境屬於企業內生決定變量，在適應外部環境的過程中，組織主要通過變革內部環境要素來實現。因此企業內部環境變量與外部環境變量之間是相互關聯的。

　　權變模型的因變量是企業業績，權變理論的核心要義認為企業業績是企業環境（權變因素）與組織結構（戰略管理會計系統）適當匹配的結果。環境與組織結構之間的適配構成連續集，組織可以通過較小的調整，從一種適配狀態移向另一種適配狀態，即組織可以連續地調整其組織結構對環境變化做出反應。由於每個企業的環境與組織結構的匹配程度有高有低，因此企業業績就會表現出高低之分。組織結構與企業環境匹配度高的企業就會表現出較好的業績，兩者匹配度低的企業就會表現出較差的業績。

　　從20世紀90年代開始，權變研究方法迅速主導了管理會計經驗研究範式。Chenhall（2003）對管理會計的權變研究進行了

一個全面的回顧。這些研究可以追溯到比較久遠的歷史，如：Gordon 和 Miller（1976）、Waterhouse 和 Tiessen（1978）、Ginzberg（1980）與 Otley（1980）。Chenhall 和 Langfield-Smith（1998）、Chenhall（2003）一致認為基於權變理論的管理會計研究應當將組織業績作為因變量。Fisher（1995）認為權變會計研究的終極目標應該是構建和檢驗一個包括會計系統多維度、多權變變量的綜合模型。

如何確定戰略管理會計系統的權變因素？理論基礎來源於傳統的組織結構理論，其遵循這樣一種研究範式：戰略→結構→業績（Anderson 和 Lanen，1999）。由於戰略與較多其他組織特徵具有潛在的聯繫，因此大量的經驗研究將戰略作為重點考察的權變因素。戰略是影響企業組織結構的重要因素，Chandler（1962）對近 100 個美國大企業進行研究發現，公司戰略的改變將引起組織結構的變化。按照他的觀點，為了使企業經營更有效，當企業採用一項新戰略時，要求企業組織結構發生變化與之相匹配。在斯洛文尼亞的一項實地訪談中，關於「什麼因素影響企業採用戰略管理會計方法？」的回答中，80% 的被訪談者認為企業戰略是最重要的影響因素，其次是市場競爭強度、使用管理會計方法的能力（包括會計師的能力和信息系統處理能力）和公司規模（Cadez 和 Guilding，2008）。大量的會計文獻將公司規模作為一項重要的權變因素，不同規模的公司其管理會計控制系統有可能存在較大的差異。

組織是在一定背景中生存和發展的，對於企業最大的威脅之一就是其管理不能與組織背景相適應（池國華，2006）。戰略是對企業所處環境的要求的一種持續適應，而管理控制系統是實現企業戰略的重要手段。因此作為企業管理控制系統的重要組成部分，業績評價系統的設計必須依據組織外部環境的不同特徵進行調整。由於設計某一項業績評價系統並不一定就有效，

判斷有效性的標準就是系統與組織背景的適應性，因此所有企業設計業績評價系統都必須考慮系統要素與系統環境之間的適應性（池國華，2006）。按照權變理論的基本思想，在選擇業績評價指標時，首先要從諸多的權變變量中明確影響業績指標選擇的關鍵變量。根據Chenhall（2003）對已有文獻的總結，影響管理控制系統設計的權變變量主要包括：外部環境、技術、組織結構、規模、戰略和文化等。戰略不同於其他權變變量，因為它並不屬於組織背景的一種因素，而是組織與其環境相互作用以實現組織目標的計劃，是管理者影響外部環境、技術、組織結構和文化等的一種方式（池國華，2005）。據此，本書在利用權變理論研究業績評價指標選擇時，不同於已有文獻將戰略與企業外部環境作為同一個層面的權變變量，而是將戰略作為企業外部環境內生變量，進而研究戰略對業績評價指標選擇的影響。

3.3.3 管理控制理論

管理控制是基於有限資源以完成確定組織目標的系統方法。正是由於企業資源的有限性，為了實現企業的組織目標必須運用系統的方法提高資源的使用效率。安東尼將企業控制劃分為三個層次：戰略控制、管理控制和營運控制。三個層次的控制分別對應著企業的不同組織層級，高層管理者行使戰略控制職能，中層管理者行使管理控制職能，基層管理者負責營運控制職能。管理控制在企業控制中起到承上啓下的作用，上接戰略下達營運，實現企業的戰略落地和有效執行。在現實的企業中，管理控制是一個系統，是管理當局按照選定的戰略目標，驅動企業成員向著戰略目標行進並實現戰略目標的機制（於增彪，2014）。於增彪（2014）提出的管理控制系統框架包括兩個主體和三個要素。「兩個主體」是作為控制者的管理當局和作為被控

制者的企業成員，構成管理控制的上下級關係；「三個要素」是控制標準、獎懲制度和監督程序。管理控制系統的運行機制如圖 3.1 所示，控制者通過設計控制標準、獎懲制度與被控制者簽訂契約，通過對被控制者業績的計量、比較和反饋實施監督。管理控制系統運行的有效性依賴於控制者與被控制者契約簽訂及其執行過程的有效性。契約的簽訂就是控制標準和獎懲制度確立的過程，雙方通過協商一致、自願達成的控制標準和激勵制度對於戰略目標的實現起到關鍵的作用。我們主張企業內部的管理控制契約應該從不完全契約向完全契約過渡，建立合理有效的薪酬激勵機制和獎懲制度。完全契約有詳細的獎懲條款，員工工資與公司業績掛勾；不完全契約就是固定工資制，干好干壞一個樣。制定了較為完善的上下級激勵約束契約，還需要強有力的監督執行程序作為保障，否則契約得不到有效執行就成為一紙空文。監督執行程序包括一定期間被控制者的實際業績測量，然後將實際業績與契約標準進行比較，觀察實際業績與標準業績的偏差度，並分析出現業績偏差的原因與制定相應的控制措施，最終形成被控制者標準執行的業績反饋報告。監督程序為被控制者的業績執行提供過程控制，及時發現被控制者執行過程中出現的行為偏差，以保證被控制者業績目標的最終實現。如何保證管理控制機制的有效運行呢？接下來我們將從控制標準設計、獎懲制度設計和監督程序執行三個方面做較為深入的分析。

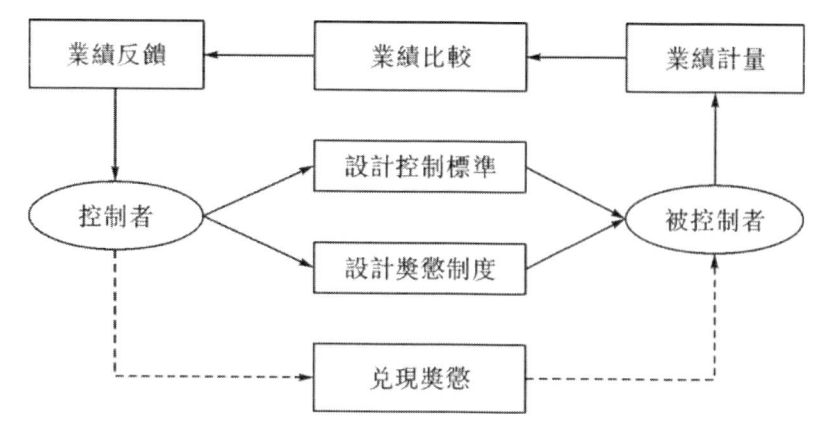

圖 3.1　管理控制系統運行機制

　　管理控製作為企業三大控制的中間層級，其重要作用在於將企業的戰略規劃具體化，並確保戰略目標的有效執行。控制者與被控制者簽訂的契約重心在於控制標準和獎懲制度。契約中控制標準的具體表現形式就是指標，包括指標本身及其標準值兩個方面。指標本身反應了實現企業目標的戰略路徑，為被控制方指明了努力的方向。那麼，如何界定控制標準的合理性呢？一個基本的原則就是控制標準必須與企業的戰略路徑相匹配。只有管理控制雙方沿著既定的戰略路徑執行企業的營運事務，才能以最有效的方式達到戰略目標的彼岸。這也就引申出來了管理控制的基本功能，那就是保證企業運行在提前規劃好的戰略路徑上，一步一步地實現企業的目標。光有控制企業運行的路徑還不夠，我們還需要把握企業運行的速度和平穩性。這就如同行駛在公路上的汽車一般，有了駛向目的地的方向，還需要在行駛過程中控制好車輛的速度。汽車的行駛速度並沒有絕對的快與慢，需要根據汽車本身的性能和路況的好壞來決定，與汽車的性能和路況匹配的速度就是最合適的行駛速度，否則汽車就無法順利高效地到達目的地。同樣的道理，企業發展的速度也需要控制在一個合理的區間內。這個速度就與企業

的資源佔有量、管理水平、行業地位和外部市場狀況等因素有關。控制企業發展速度的基本方式就是確定指標的標準值。標準值基本上反應了企業處於行業的地位狀況以及管理層對企業內外部環境的基本判斷，比如通過調整契約中的營業收入指標標準值大小，就可以控制企業產能擴張的速度。控制者對被控制者業績考核的指標通常劃分為財務指標和非財務指標，財務指標主要來自於會計信息系統，非財務指標主要來自於企業經營信息系統。財務指標屬於結果類指標，非財務指標屬於過程類指標。非財務指標是因，財務指標是果。處於不同發展階段的企業，使用的經營戰略通常是存在差異的，相應的考核指標選擇也是不一樣的。處於不同行業的企業，其營運方式也存在較大的差別，構建企業核心競爭力的路徑也是不同的。比如高新技術企業的核心競爭力就是研發能力，因此在指標設計時必須要有體現研發能力的指標。根據上述的基本邏輯，管理控制中控制標準的設計是動態變化的，指標和標準值都應該隨著環境和戰略路徑的變化而做出適時的調整，否則企業的發展就會失去控制。如同汽車在轉彎的時候還保持直線行駛的速度，就可能發生側翻事故。

　　管理控制機制中的另外一個重要議題是獎懲制度，包括獎懲制度的設計與執行。獎懲制度無外乎兩個方面，即激勵和約束。約束機制是前提，保證被控制者的行為始終運行在既定的戰略路徑，不發生與企業目標、理念相違背的行為。激勵機制是對被控制者正確行為的強化，目的是提高業績完成量和完成效率。由於人的行為是受利益驅動的，為了引導被控制者實現既定的控制標準和標準值，必須將控制標準與被控制者獲得的利益聯繫起來，使得行為人和企業的利益綁定在一塊。根據「經濟人」假設，人的行為是趨利避害的，如果沒有相應的利益驅動機制，那麼行為人更多將選擇不付出努力。從這個意義上

來說，企業管理控制機制的重心在於利益分配機制的設計。利益機制用好了就能有效激發行為人努力去完成企業的目標任務。合理的利益分配機制一定是將控制標準與獎懲資源結合得很充分的，兩者是聯動的，行為人實際業績的變動一定導致所獲利益的變化。利益也分不同的種類，一般分為物資和精神層面的。比較而言，物質利益比精神利益更重要，貨幣比非貨幣更重要（於增彪，2014）。當然，也不能一味地強調物質利益的獎懲，還需要結合被控制者的個體特徵及所處的需求層次進行權衡。

　　控制標準和獎懲制度的設計體現在事前簽訂的契約中，僅僅有管理控制契約還達不到管控的基本目的，還有一個同等重要的機制就是監督執行程序。有了好的契約設計，還需要有配套的執行機制。如果沒有一個強有力的執行過程，再好的管控契約都無法實現應有的效果。在企業管理實踐中，控制者與被控制者簽訂契約之後，並不意味著可以大功告成，直到期末考核被控制者業績就完了。被控制者標準執行過程中，控制者還需要定期監控被控制者標準的執行情況，以便及時地糾正被控制者的行為偏差。這個就是過程監督執行程序。一般有三個步驟：計量、分析和反饋。德魯克曾說過，不能量化就無法管理，充分說明計量手段在管理實踐中的重要作用。要實現精細化管理，就必須使用各種量化工具，為科學的管理決策提供數據支撐。所以，過程監督和事後評價首先要做的事情就是做出較為準確的計量，提供與決策相關而且有用的信息。當然，我們在企業管理實踐中使用的信息大量來自管理會計信息系統，並不要求如財務會計信息一樣準確，重點把握決策相關性和有用性，能夠為業務端的管理決策提供支持。目的是打通會計信息系統的價值信息與經營信息系統的業務信息，實現「價值溯源、業務求本」目標的業務與財務的融合。有了量化的信息之後，還需要對信息進行分析。分析的過程一般是將計量的業務進度及

價值實現量與控制標準的標準值進行比較，觀察兩者是否存在差異。如果存在差異的話，進一步判斷該差異是有利差異還是不利差異，並深入分析導致差異出現的具體原因，追溯到出現差異的業務層面。只有找出出現價值差異的業務源頭，才能擬訂管理業務活動的初步方案，以及時糾正業務活動的偏差。最後，將計量的業績信息、分析出現差異的原因及其擬訂的方案整理成報告，及時反饋給控制者。控制者對於反饋報告的內容做出獨立的評估，尤其是對於後續業務活動實施的調整方案拍板，並將分析結果和管理建議反饋給被控制者。當然，在管控契約有效的條件下，針對執行過程中出現的小偏差，控制者可以不提出相應的整改措施，交由被控制者自己做出調整措施。但是在出現較大偏差的情況下，控制者還是應該及時地與被控制者約談，制定出合理的整改措施。至於偏差的「度」如何把握，可以根據企業的實際情況和過往的管理經驗，提前在契約中約定好，使得控制者與被控制者雙方在過程監督中做到有據可依。

最後一個環節是兌現獎懲，一個契約期間完畢，會計人員通過決算活動計量出被控制者在整個契約期間完成的業績。然後，將實際業績帶入薪酬契約中設計的薪酬計算公式算出本期的薪酬。獎懲一定要嚴格兌現，只要是期初雙方認同的薪酬契約，那麼在期末就應該嚴格按照薪酬公式計算相應的報酬。嚴格執行才能體現出制度的嚴肅性，才能實現管理的效力。這一套體系就構成了管理控制系統的運行閉環，閉環優化是實現管理控制效力的基本途徑。不論何種管理控制系統都遵循這個基本的運行規律，只是管理的內容不一樣而已，我們要做的就是在這樣一個設計好的閉環上對不同環節的優化處理。總之，管理控制的運行機制處於一個動態的制定標準、執行標準、對比標準和獎懲標準的過程。

3.4 本章小結

本章詳細梳理了國內外企業業績評價實踐的歷史演進過程，將西方企業業績評價時期劃分為三個時期：成本業績評價時期、財務業績評價時期和戰略業績評價時期；將中國企業業績評價實踐劃分為四個時期：實物量評價階段、產值和利潤評價階段、投資報酬率評價階段和經濟增加值評價階段。進一步分析，我們發現西方企業業績評價實踐主要是企業內部管理業績評價方法，而中國企業的業績評價實踐是由國家相關部委以強制的方式推動的，主要表現為國有企業外部利益相關者對國有企業或經營者的評價。兩種截然不同的業績評價實踐主要是由中西方兩種不同的經濟體制所決定的。西方成熟市場經濟體主要由私營企業構成，其較少地受到來自政府部門的干預，其企業業績評價實踐主要由企業內部管理需求所推動；而中國正處於轉軌經濟時期，國有經濟占主要成分，較多地受到政府部門的干預，其業績評價實踐主要是由政府監管需要所推動的，國有企業內部管理業績評價實踐也較多地受到外部評價的影響。眾所周知，企業內部管理本身是一種情境化、行為化的活動，卻受到政府外部監管「一刀切」式的影響，這將讓國有企業的內部管理效率大打折扣。

本章進一步介紹了後續研究所採用的理論基礎——代理理論和權變理論。作為解釋業績評價指標選擇的兩大理論，其將發揮不同的理論作用。代理理論從委託人與代理人兩者的代理成本角度分析，單一的財務指標或者不全面的業績指標組都不能真實地反應代理人行為，引入非財務指標或其他能夠全面反

應代理人行為的指標,將能夠降低代理成本,提升企業業績。權變理論從企業組織「環境—結構」適應的角度來解讀業績評價指標的選擇,業績評價指標作為業績評價系統的重要組成部分,其內部構成反應了企業的戰略意圖。只有當業績評價指標與企業戰略相匹配時,業績評價系統才能起到執行企業戰略的作用。權變理論認為,企業的成長是不斷適應外部環境的過程。因此,本書將在後續的實證研究中打通「環境→戰略→結構→業績」的因果鏈條,運用權變理論探索上述因果鏈條在業績評價指標選擇中的表現。

4
數據採集與分析

本章主要分為四個部分：第一部分介紹本書所用調查問卷的設計過程；第二部分描述問卷數據的收集過程及其樣本特徵；第三部分闡述本書所用的數據分析工具。

4.1 問卷設計

本書使用問卷調查方法收集數據，以檢驗研究假設的有效性。由於本書的研究主題屬於企業內部管理的管理會計問題，無法直接從公開渠道獲得研究所需的數據，而且涉及企業所處環境、經營戰略和業績管理等變量的衡量，因此採用大樣本的問卷調查方法能夠更加有效地檢驗理論模型，發現企業管理會計現象的一般規律。採用問卷調查方法研究管理會計問題，是國際管理會計學術界較為常用的研究方法，也取得了大量的研究成果，對我們認識企業管理會計實踐大有裨益。但是，近年來問卷調查方法在管理會計研究中的應用受到了學術界頗多的質疑，主要的質疑點就是運用問卷調查方法獲取的數據的質量不高、可重複性不強，其科學性受到了威脅。然而，任何一種科學研究方法都有其適用性和局限性。研究者只能在特定的學科中不斷地改善研究方法，通過提高數據獲取過程的科學性來提高研究數據的質量，從而使研究結論更加貼近現實世界。

為了保證研究數據的質量，作者在問卷設計過程中充分重視已有調查問卷的理論基礎、中國企業的管理實踐及其研究團隊的修改建議，將調查問卷的設計過程分為以下三個階段：

第一，大量閱讀與業績評價系統相關的中英文文獻，系統梳理該領域研究的基本範式，初步確定業績評價指標選擇的理論框架。通過對國內外關於業績評價系統相關文獻的分析，發

現該領域大量的文獻都是在解決一個核心問題——業績評價指標的選擇。該問題的研究不外乎就在探討業績指標選擇的影響因素與業績後果，但是已有文獻對業績指標選擇的影響因素涉及較多，而且從企業的內外部環境的不同角度尋找研究變量進行檢驗。然而，仔細研究管理控制系統理論發現，管理控制系統的設計與實施無法迴避的變量就是企業經營戰略，其在管理控制系統研究中起到了承上啟下的作用，外部環境對管理控制系統的影響就是通過經營戰略這個中間變量發生的作用。基於此，本書就確定經營戰略作為影響業績指標選擇的重要影響因素，連接企業外部環境與業績指標的選擇，並最終影響業績指標選擇的業績後果。最終，選擇四個主要的研究變量：市場競爭程度、經營戰略、業績評價指標和企業績效。為了保持研究的延續性，在研讀文獻的基礎上，某些變量直接借用已有文獻的成熟量表，形成調查問卷的初始題項。

第二，選擇具有代表性的企業有關負責人進行半結構化訪談。選擇了三家企業的財務負責人和人力資源負責人，進行兩個小時左右的實地訪談，以瞭解中國企業業績評價實踐的組織機構和業績評價現狀，重點瞭解這些企業選擇業績評價指標的依據及其存在的管理問題。通過對國有企業和民營企業的訪談，基本瞭解中國企業業績評價系統的運行現狀。由於國內外文化和企業經營機制的差異，根據實地訪談數據和變量的理論內涵，對各研究變量下的題項進行了適當的修改和補充。

第三，將本書重點研究的四個變量的測量量表在課題組內部進行討論，課題組由一位教授、兩位副教授和四位博士生組成，課題組研究話題集中在管理會計實證研究領域，而且對問卷調查方法和業績評價問題有較為深入的研究。在課題組討論的基礎上，仔細修改各變量題項及其措辭，形成問卷初稿。隨後於2012年10月對問卷初稿進行試調查，調查對象包括4位企

業管理人員，並請他們就內容熟悉程度、題項措辭的理解程度、問卷的篇幅長短、回答所需時間等問題給出反饋意見。根據這些意見和反饋意見，再次對問卷進行修改，盡量將問卷措辭修改為實務界人士容易理解的詞彙，整個問卷的長度壓縮到6頁，大概20分鐘的時間就可以完成問卷的填寫。

最終形成的問卷包括三部分內容（完整的調查問卷見附錄）：第一部分是企業的基本信息，包括企業的上市情況、成立時間、所有制性質、行業性質和員工人數；第二部分是變量的調查題項，包括市場競爭程度、環境不確定性[①]、業務單元經營戰略、業績指標選擇與重視程度、企業業績；第三部分是問卷填寫人信息，主要包括填寫人的性別、學歷、部門、職位和工作年限等。為了保證調查數據的有效性，本調查問卷在計分制的採用上做了較多的比較和思考。傳統的調查問卷一般採用5點或7點計分制。但是，Chen（1995）發現，在問卷調查過程中，處於不同文化背景下的被調查者，其回答問題的心理傾向是不同的。奉行儒家文化的東亞國家，如中國、日本等，崇尚中庸之道。如果採用西方國家問卷調查普遍使用的奇數Likert量表，則東亞國家的被調查者傾向於選擇位於中間的數值（劉海建、陳傳明，2007）。基於這點考慮，國內不少學者採用偶數Likert量表進行問卷調查，如陳永霞等（2006）、劉海建和陳傳明（2007）均採用6點Likert量表。目的是為了讓被調查者能夠在3與4之間做出較為明確的心理判斷，提高研究數據的質量。

另外，為了方便被調查者填答問卷，調查問卷中的B5和B7兩個題項的答案方向與其他題項保持一致，1~6分都是表示程度從低到高。但是，B5和B7的問題分別是「貴公司產品或服務占所在行業的市場份額」「貴公司所在行業受政府管制程

[①] 該變量屬於課題研究的需要，但並未納入本書研究內容。

度」，被調查企業所占行業市場份額越低、受政府管制程度越低才表示該企業所面臨的市場競爭程度越高。為了將 B5 和 B7 兩個題項的得分與其他題項表示市場競爭程度高低的方向一致，B5 和 B7 兩個題項的最終取值都是用 7 減去問卷調查得分。

4.2　數據收集

　　調查問卷的發放分為兩個途徑：現場發放和網絡發放。本次調查問卷的發放與回收總共持續兩個月，從 2012 年 11 月初到 2012 年 12 月底。現場發放的調查對象主要是西南財經大學 MBA 和 EMBA 學員。調查問卷發放前，事先跟西南財經大學 MBA、EMBA 中心管理人員聯繫確定學員的上課時間和授課老師。該校 MBA 和 EMBA 學員都是在職攻讀碩士學位人員，具有較為豐富的管理實踐經驗，尤其是 EMBA 學員都是大型企業的高級管理人員。網絡電子版問卷主要是通過校友渠道發放，可以收集到不同地區、更大範圍的研究樣本信息。

　　本次調查問卷現場發放 79 份，收回 58 份。網絡發放 151 份，收回 101 份。利用兩種途徑總共發放調查問卷 230 份，回收 159 份，問卷回收率為 69.13%。問卷回收之後，通過對調查問卷填答情況的仔細分析，發現有一部分問卷存在問卷填答不完整或者明顯的填答不認真等情況，在問卷數據錄入過程中就將這部分調查樣本刪除掉，總共刪除掉 26 份，剩下調查樣本 133 份。為了提高調查問卷的數據質量，調查問卷前後設置兩道意思相同的題項，通過檢驗前後兩個題項的得分，就可以較為準確地判斷被調查者填答調查問卷的認真態度。這兩個題項分別是 B7 和 C5，題項 B7 的問題是「貴公司所在行業受政府管制程

度」，1~6表示從「不受管制」到「完全管制」程度依次遞增。題項C5的問題是「政府對本公司所在行業管制程度很低」，1~6表示從「完全不符」到「完全相符」程度依次遞增。本調查問卷的B部分刻畫該企業面臨的市場競爭程度，被調查企業受政府管制程度越高表示該企業面臨的市場競爭程度越低。為了與其他題項取值所代表程度的方向一致，B7的取值已經通過轉換，轉換後的取值就表示得分越高，該企業受政府管制程度越低，則市場競爭程度越高。同樣的道理，C5的取值也表示取值越高，該企業受政府管制程度越低。一般來講，如果被調查者填答問卷比較認真的話，前後相差4個題的距離，應該不會影響到被調查者對這兩個問題做出比較一致的回答。基於此考慮，我們進一步對剩下的133份數據樣本進行嚴格的篩選。篩選的標準是B7和C5兩個題項取值的差的絕對值不超過1，也就是說前後兩個意思相同的題項取值的誤差最多為1。凡是誤差大於1的樣本，我們認為被調查者填答問卷可能不認真，樣本數據質量不高。按照這個嚴格的數據篩選標準，通過統計有18份數據樣本不符合上述標準，刪除這18份樣本數據之後最終供分析之用的樣本數據總計115份，問卷的實際回收率為50%。

4.3 數據特徵

對樣本嚴格篩選和數據準確錄入後，分析所收集數據的基本特徵，包括樣本企業的總體特徵和被調查者的基本特徵。

4.3.1 樣本企業特徵

樣本企業的總體特徵主要從被調查企業的上市背景、所有

制性質、所屬行業類型、成立時間與員工人數等方面進行描述。

(1) 上市背景

根據表 4.1 的信息可知，115 家樣本企業中上市公司有 58 家，占總樣本企業 50.43%；非上市公司有 57 家，占總樣本企業 49.57%。上市公司與非上市公司占總樣本企業的比例大致相同，反應出被調查企業在上市背景特徵方面具有較強的代表性。

表 4.1　　　　　　樣本企業上市背景分佈特徵

上市背景	樣本數	百分比（%）
上市公司	58	50.43
非上市公司	57	49.57
合計	115	100

(2) 所有制性質

樣本企業的所有制性質分佈特徵見表 4.2，115 家樣本企業中，國有獨資或國有控股企業有 68 家，占總樣本企業 59.13%；民營企業有 33 家，占總樣本企業 28.70%；中外合資企業有 8 家，占總樣本企業 6.96%；外資企業有 6 家，占總樣本企業 5.22%。本書的後續分析過程中，將 115 家樣本企業的所有制性質分為兩類：國有企業與民營企業。為了實證分析的方便，根據樣本企業性質的具體內涵，將中外合資企業和外資企業也劃歸為民營企業一類；國有獨資或國有控股企業劃歸為國有企業一類。歸類之後，115 家樣本企業中，國有企業有 68 家，占總樣本企業 59.13%；民營企業有 47 家，占總樣本企業 40.87%。國有與民營兩種性質的樣本企業占總樣本企業的比例相差不大，樣本數也能夠合理保證迴歸分析的有效性，因此樣本企業在所有制性質方面具有較強的代表性，適合於研究設計中根據所有制性質進行的分類分析。

表 4.2　　　　　樣本企業所有制性質的分佈特徵

所有制性質	樣本數	百分比（%）
國有獨資或國有控股企業	68	59.13
民營企業	33	28.70
中外合資企業	8	6.96
外資企業	6	5.21
合計	115	100

（3）行業分佈

按照證監會頒布的《上市公司行業分類指引》，本調查問卷設置13個行業大類，製造業下設10個行業小類。樣本企業的行業大類分佈特徵見表4.3，本次調查的樣本企業涵蓋全部13個行業大類，其中製造業、金融保險業與信息技術業分別有33家、30家和10家，分別占總樣本28.70%、26.09%和8.70%。屬於製造業的樣本企業最多，其次是金融保險業。需要說明的是，在資本市場會計研究中，由於金融行業的特殊性，其依據的會計準則和信息披露的規則不同於其他行業，因此一般將金融業樣本刪除掉。但是，本書研究的話題屬於企業內部管理問題，使用的數據不是企業對外披露的信息，而且金融企業歸根究柢還是企業，只是經營對象不一樣而已，所以保留金融保險行業樣本並不會對研究結論產生不利的影響。

表 4.3　　　　　樣本企業的行業大類分佈特徵

行業大類	樣本數	百分比（%）
製造業	33	28.70
金融保險業	30	26.09
信息技術業	10	8.70
建築業	7	6.09

表4.3(續)

行業大類	樣本數	百分比（%）
交通運輸、倉儲業	7	6.09
社會服務業	6	5.22
電力、煤氣及水的生產和供應業	5	4.35
房地產業	5	4.35
綜合類	4	3.48
採掘業	3	2.61
批發和零售貿易業	3	2.61
農、林、牧、漁業	1	0.87
傳播與文化產業	1	0.87
合計	115	100

樣本企業所屬製造業的細分行業分佈特徵見表4.4，33家製造業樣本企業涵蓋製造業細分行業的9個，只有在木材、家具行業沒有樣本企業。其中，機械、設備、儀表行業，石油、化學、塑膠、塑料行業分別有11家，7家樣本企業，占總樣本企業33.33%和21.21%。本書所用調查問卷設置22個行業類別，樣本企業覆蓋21個行業，充分說明本書所用調查樣本的行業分佈十分廣泛，所得研究結論具有較大的行業普適價值。

表4.4　樣本企業所屬製造業的細分行業分佈特徵

製造業細分行業	樣本數	百分比（%）
機械、設備、儀表	11	33.33
石油、化學、塑膠、塑料	7	21.21
其他	6	18.18
電子	3	9.09
食品、飲料	2	6.06

表4.4(續)

製造業細分行業	樣本數	百分比（%）
金屬、非金屬	2	6.06
紡織、服裝、皮毛	1	3.03
造紙、印刷	1	3.03
合計	33	100

(4) 成立年限

樣本企業成立年限分佈特徵如表4.5所示，樣本企業成立年限分佈範圍廣泛，既包括成立年限10年以下的企業34家，占總樣本29.57%，又包括成立年限20年及以上的企業39家，占總樣本33.91%，總體上成立年限在10~20年的企業居多，有42家，占總樣本36.52%。可見，本書的樣本企業成立年限分佈較為均衡，處於不同的生命週期，具有較好的代表性。

表4.5　　　　　　樣本企業成立年限分佈特徵

成立年限	樣本數	百分比（%）
10年以下	34	29.57
10~20年	42	36.52
20年及以上	39	33.91
合計	115	100

(5) 員工人數

樣本企業員工人數分佈特徵見表4.6，員工人數低於100人的小型企業有17家，僅占總樣本的14.78%；員工人數為100~500人的企業有45家，占總樣本的39.13%；員工人數為500~2,000人的企業有31家，占總樣本的26.96%；員工人數為2,000~10,000人企業有16家，占總樣本的13.91%；員工人數為10,000人及以上的大型企業有6家，僅占總樣本的5.22%。

在一定程度上，員工人數的多少代表企業規模的大小。從樣本企業員工人數分佈特徵來看，員工人數在 100 人以下的小型企業與員工人數在 2,000 人以上的大型企業都比較少，分別占總樣本的 14.78% 和 19.13%，大多數樣本企業的員工人數分佈在 100～500 人與 500～2,000 人這兩個區間，分別占到總樣本的 39.13% 和 26.96%。可見，樣本企業的規模基本上服從正態分佈，這也反應出樣本企業具有廣泛的代表性。

表 4.6　　　　　　　樣本企業員工人數分佈特徵

員工人數	樣本數	百分比（%）
100 人以下	17	14.78
100～500 人	45	39.13
500～2,000 人	31	26.96
2,000～10,000 人	16	13.91
10,000 人及以上	6	5.22
合計	115	100

4.3.2　被調查者特徵

上一節主要描述了研究對象的基本特徵，目的是為了說明研究樣本選擇的適當性，具有較為廣泛的代表性。但是，僅有研究樣本的適當性還不夠。後續的實證檢驗所使用的數據是由被調查者填答的，為了說明研究數據的適當性，還需要進一步描述被調查者的基本特徵，主要涉及學歷、任職部門、工作職位和任職年限。

（1）被調查者的學歷分佈

被調查者的學歷分佈特徵見表 4.7，從該表可以看出，被調查者中擁有大專學歷的有 9 人，占總樣本的 7.83%；擁有本科學歷的有 64 人，占總樣本的 55.65%；擁有碩士學歷的有 42

人，占總樣本的 36.52%。調查問卷中設置 5 個學歷層次，包括大專以下、大專、本科、碩士和博士。但是，被調查者的學歷主要分佈在大專、本科和碩士三個層次，沒有大專以下和博士學歷的被調查者。由此可見，被調查者的學歷層次較高，大部分都是本科及以上的學歷，占總樣本的 92.17%。這說明被調查者能夠勝任本次問卷調查，在一定程度上保證調查數據的質量。

表 4.7　　　　　　　被調查者的學歷分佈特徵

學歷	樣本數	百分比（%）
大專	9	7.83
本科	64	55.65
碩士	42	36.52
合計	115	100

（2）被調查者任職部門分佈

被調查者任職部門分佈特徵見表 4.8，本次問卷調查的被調查者任職部門涵蓋調查問卷中涉及的所有 8 個不同部門，另有 18 位被調查者選擇其他，說明被調查者來自不同企業的不同職能部門。其中，會計/財務部門和綜合管理部門的被調查者居多，分別有 26 位和 24 位，占總被調查者的 22.61% 和 20.87%。由此可見，被調查者的任職部門分佈較為廣泛，問卷數據能夠反應出不同職能部門的被調查者根據自身的工作實踐和切身感受對業績評價實踐的判斷。業績評價實踐是企業內部各個職能部門都會參與、跟自身利益密切相關的管理工作，因此不同職能部門的被調查者所填寫的問卷數據更能說明問題、更具有代表性。

表 4.8　　　　　　　被調查者任職部門分佈特徵

任職部門	樣本數	百分比（%）
會計/財務	26	22.61
綜合管理	24	20.87
生產製造	5	4.35
人力資源	6	5.22
研究開發	6	5.22
項目管理	11	9.57
營銷/銷售	16	13.91
行政/後勤	3	2.61
其他	18	15.65
合計	115	100

（3）被調查者工作職位分佈

被調查者工作職位分佈特徵見表4.9，從該表可以看出，被調查者大部分是各個企業的管理者，其中高層管理者有8位、中層管理者有36位、基層管理者有47位，分別占總被調查者的6.96%、31.30%和40.87%。另有24位被調查者選擇其他，說明這些被調查者是企業的普通職員。由這些數據可知，大約80%的被調查者都是企業的管理者。作為管理者的被調查者對於企業外部環境、經營戰略的理解更加透澈，對於企業管理實踐的認知更加深入，有利於對調查問卷的相關問題的準確判斷，這也在一定程度上保證了樣本數據的質量。

表 4.9　　　　　　　被調查者工作職位分佈特徵

工作職位	樣本數	百分比（%）
高層管理者	8	6.96
中層管理者	36	31.30

表4.9(續)

工作職位	樣本數	百分比（%）
基層管理者	47	40.87
其他	24	20.87
合計	115	100

（4）被調查者任職年限分佈

被調查者任職當前公司的工作年限分佈特徵見表4.10，由於調查問卷中涉及對所在企業經營環境、經營戰略和業績評價實踐的判斷，因此被調查者在當前企業工作年限較長，對企業的各種情況更加熟悉，更能做出較為準確的判斷。從該表可以看出，任職當前企業的工作年限1~2年的被調查者有36位，占總被調查者的31.30%；工作年限3~5年的被調查者有43位，占總被調查者的37.39%；工作年限6~9年的被調查者有14位，占總被調查者的12.17%；工作年限10年及以上的被調查者有22位，占總被調查者的19.14%。工作年限超過3年的被調查者大約占70%，由此可以認為被調查者對所在企業的實際情況較為瞭解，基本能夠準確地填答調查問卷。

表4.10 被調查者任職當前公司的工作年限分佈特徵

工作年限	樣本數	百分比（%）
1~2年	36	31.30
3~5年	43	37.39
6~9年	14	12.17
10年及以上	22	19.14
合計	115	100

綜上所述，本節從樣本企業特徵和被調查者特徵兩個方面詳細地描述了樣本數據的基本特徵。不管是樣本企業特徵，還

是被調查者特徵，都充分說明樣本數據具有廣泛的代表性和較高的數據質量，可以運用該問卷數據進行後續的實證檢驗。

4.4 數據分析方法

本書主要運用仲介變量模型和調節變量模型檢驗理論假設。Gerdin 和 Greve（2004）認為調節變量模型和仲介變量模型代表兩種不同的理論適配形式，它們可能都是有效的，但是在特定的情況下，只有其中一種模型符合實際情況。

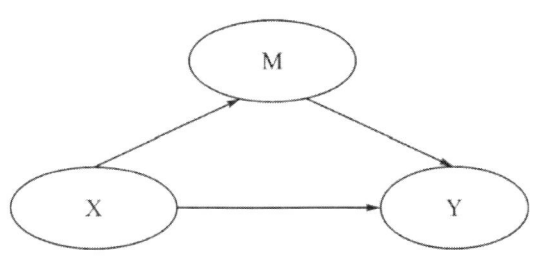

4.4.1 仲介變量模型

仲介變量主要解釋一個關係背後的原理和內部機制。研究仲介變量的目的是在已知某些關係存在的基礎上，探索產生這個關係的內部作用機制。因此仲介變量在理論研究上至少有兩個作用：一是整合已有的研究或者理論；二是解釋已知關係背後的作用機制。仲介變量可以分為兩類：一類是完全仲介；一類是部分仲介。仲介變量模型如圖 4.1 所示，完全仲介是指 X 對 Y 的影響完全通過 M，沒有 M 的作用，X 就不會對 Y 產生影響；部分仲介是指 X 對 Y 的影響部分是直接產生的，還有一部分是通過 M 對 Y 產生的。

圖 4.1　仲介變量模型

Baron 和 Kenny（1986）提出檢驗仲介變量的方法，包括如下幾個步驟①：

（1）建立因果關係。仲介作用意味著仲介變量由自變量引起，並影響了因變量的變化。因果關係是建立仲介作用中最重要而又經常被忽視的一個前提。一般只有用嚴格的實驗研究才可能說明兩個變量之間是因果關係。但是，組織管理學的很多研究都是採用在同一時間點收集數據的問卷調查方法，其只證明了一種相關關係。如果在研究中難以用嚴格的實驗方法來驗證因果關係，就可以通過成熟的理論基礎幫助建立可信的因果關係，然後運用統計檢驗的方法檢驗理論模型。

（2）檢驗仲介作用。通常來說，仲介變量的檢驗需要滿足三個條件：第一，自變量對因變量有顯著的影響；第二，自變量對仲介變量有顯著的影響；第三，當控制仲介變量後，自變量對因變量的影響不顯著或者系數顯著變小，同時仲介變量對因變量有顯著影響。如果控制仲介變量後，自變量對因變量沒有影響了，則說明為完全仲介變量；如果自變量對因變量的影響顯著變小，則說明為部分仲介變量。

4.4.2　調節變量模型

調節變量所解釋的不是關係內部的機制，而是一個關係在不同的條件下是否會有所變化，調節變量就是「視情況而定」「因人而異」。調節變量的一個主要作用是為現有的理論劃出限制條件和使用範圍。研究調節變量就是通過研究一組關係在不同條件下的變化及其背後的原因，進而豐富原有的理論。不同條件指的是理論的內在假設和外在邊界。調節變量可以發展已有的理論，使得新的理論能夠更加精確地解釋變量間的關係。

---

① 陳曉萍，徐淑英，樊景立. 組織與管理研究的實證方法 [M]. 北京：北京大學出版社，2008：325.

調節變量和自變量在形式上處於對等的位置，都是因變量的一個動因，但是構成調節模型的一個重要前提是：調節變量與自變量、因變量都不具有顯著的相關關係。如果這個前提條件不滿足，則調節模型將不能準確描述變量間的真實關係。

　　調節作用與交互作用是兩個既有聯繫又有區別的概念。交互作用是指兩個變量（X_1和X_2）共同作用時對 Y 產生的影響不等於兩者分別對 Y 產生影響的簡單數學和。調節作用的基本模型見圖4.2，調節變量是指一個變量（X_2）影響了另外一個變量（X_1）對 Y 產生的影響。交互作用分析中，兩個自變量的地位可以是對等的，把其中任何一個變量解釋為調節變量；也可以是不對等的，只要其中一個變量起到了調節變量的作用，交互效應就存在。但是，在調節變量模型中，哪個是自變量，哪個是調節變量是由理論基礎所決定的，兩者不能隨意互換。在統計檢驗中，兩個變量的交互作用和調節作用是通過兩個變量的乘積來檢驗的。由於自變量和調節變量往往與兩者的乘積項高度相關，容易導致嚴重的多重共線性問題，因此運用多元迴歸分析方法檢驗調節變量的一個重要步驟是將自變量和調節變量中的連續變量進行中心化處理，即用這個變量測量的數據點減去均值，使得新得到的變量均值為零，這樣能夠有效地降低模型中變量間的多重共線性問題。

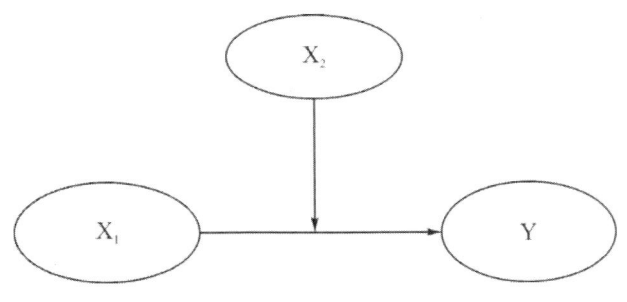

圖4.2　調節變量模型

4.5 本章小結

本章分四節詳細地闡述了本書的研究方法，包括問卷設計過程、調查問卷的發放與回收過程、樣本數據的基本特徵及其數據分析方法。

問卷設計過程中，嚴格按照調查問卷設計的基本規範，保證問卷數據獲取的質量。首先，通過對本書研究問題的理論分析，確定實證檢驗所需的理論變量，尋找國外已有文獻對這些理論變量進行度量的量表；然後，通過對幾家企業實地調研，充分瞭解中國企業的業績評價實踐，結合變量的理論內涵修改量表；最後，通過預調研和課題組討論，發現問卷設計不合理、措辭不規範的地方，再次修改問卷。

本次調查問卷的發放採用兩種方式：現場發放和網絡發放。現場發放對象是西南財經大學 MBA 和 EMBA 學員，這些在職學員具有豐富的管理實踐經驗。網絡發放對象是西南財經大學校友，工作於不同地區的不同行業，具有較為廣泛的代表性。本次調查共計收到 159 份問卷，剔除回答不完整的問卷 26 份，剩下 133 份。然後，利用調查問卷中設計的相同題項，識別出被調查者回答不認真的問卷 18 份，最終獲得有效問卷 115 份。

基於 115 份問卷數據，從樣本企業和被調查者兩個方面描述樣本數據的基本特徵。樣本企業特徵涉及被調查企業的上市背景、所有制性質、所屬行業類型、成立時間與員工人數五個方面；被調查者的特徵涉及學歷、任職部門、工作職位和任職年限四個方面。通過對樣本數據九個方面的全面描述，認為樣本數據具有廣泛的代表性、數據的質量較高。

第四節簡單地介紹了後續章節的實證檢驗所使用的基本方法：仲介變量模型和調節變量模型。仲介變量模型主要探討自變量與因變量關係背後的作用機制，調節變量模型探討自變量與因變量關係的理論邊界。本書運用仲介變量模型檢驗市場競爭程度、經營戰略與業績指標選擇三個變量之間的關係，運用調節變量模型檢驗經營戰略對業績指標選擇與企業業績關係的調節作用。

5
市場競爭程度、經營戰略與業績評價指標選擇

本章實證檢驗業績指標選擇的影響因素，圍繞「外部環境→戰略控制→管理控制」這一邏輯路徑，從理論層面深入分析市場競爭程度、經營戰略與業績指標選擇這三大變量的理論關係，並運用問卷調查數據實證檢驗市場競爭程度、經營戰略與業績指標選擇三者之間的數量關係。

5.1 理論分析與研究假設

本章應用仲介變量模型實證檢驗市場競爭程度、經營戰略與業績評價指標這三個變量之間的關係。已有的理論文獻認為市場競爭程度作為企業外部環境變量，企業為了適應外部環境，將調整企業的業績評價指標的選擇以應對外部環境的不確定性，即市場競爭程度將影響業績評價指標的選擇。但是，當企業外部環境發生變化時，企業首先調整其經營戰略以應對環境發生的變化。企業戰略的制定是對企業目標的分解、細化與落實，但是僅僅有適當的發展戰略並不能實現企業的目標，還必須保證企業戰略得到有效執行。而管理控制就是管理者影響組織中其他成員以實現組織戰略的過程，其目的是使戰略被執行，從而使組織的目標得以實現（張先治，2004）。只有與企業特定戰略相匹配的管理控制系統，才能有效地執行企業戰略，實現企業戰略目標。因此，企業戰略是企業外部環境的內生變量，而企業戰略決定企業管理控制系統的設計。由於業績評價系統主要功能是實施企業經營戰略，因此也需要對業績評價指標進行適當的調整，以滿足經營戰略調整的需要。據此，市場競爭程度對業績評價指標選擇的影響，將通過企業經營戰略這個仲介變量發生作用。通過引入企業經營戰略這個變量進入模型，能

夠更加清晰地展現企業外部環境對企業管理控制系統的作用機理。本章使用的仲介變量理論模型如圖5.1所示。

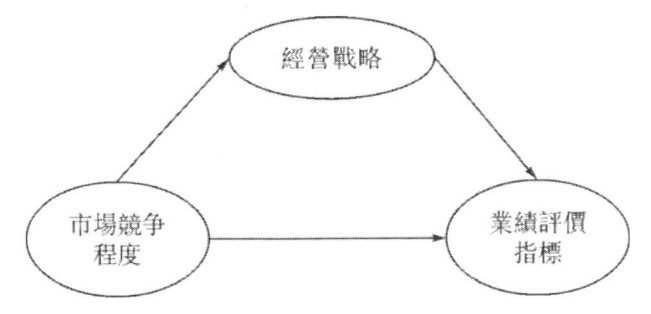

圖5.1　市場競爭程度、經營戰略與業績評價指標的理論模型

　　市場競爭是促使企業經營戰略發生變化的根本驅動因素之一，而企業經營戰略發生變化的根本目的是取得更好的戰略和財務績效（劉海潮和李垣，2008）。企業經營戰略的變化是如何改善企業績效的呢？從理論上說，企業戰略的變化就是要實現企業內部條件與外部環境的統一。在現代戰略管理理論研究中，環境→戰略→績效的研究範式一直占據研究的焦點位置。圍繞環境與戰略對績效的影響究竟是環境的選擇性為主導還是戰略的主動適應性為主導的爭議產生了具有代表性的管理理論流派：種群生態理論（Population Ecology）和戰略選擇理論（Strategic Choice）。種群生態理論強調環境對企業的殘酷選擇，戰略選擇理論強調企業戰略在環境適應過程中的主導作用（何錚，2006）。在市場經濟環境中，儘管市場競爭對企業的選擇是殘酷的，但是企業並不是只能消極地接受市場的優勝劣汰式的選擇，企業也可以通過積極地採取應對措施適應市場環境的變化。其中，重要的應對措施就是根據企業所面臨的市場環境特點，尋求競爭戰略的變化，根據戰略的變化，調整企業的內部管理結構，最終實現戰略和財務績效。根據這個思路，管理學界圍繞環境—戰略—績效範式的實證研究文獻已有數百篇，研究者從不同的時間、不同的行業和不同的分析層面對大量的理論觀點

进行了检验,得到了较为丰富、深刻的研究结论(何铮,2006)。从这些文献分析来看,较多的文献认同战略选择理论的观点,认为企业战略的调整可以使企业主动地适应市场环境,并最终改善企业绩效。

为了应对外部环境的变化,企业管理者就必须通过对外部环境的分析和预测,准确地判断企业所面临的各种机会和威胁,从而使管理者的战略决策能够有效地抓住机会、规避威胁。因此,对企业外部环境的分析不仅是企业战略决策全过程的逻辑起点,也是企业战略管理过程中每一个决策和行动的出发点。任何企业都是嵌入在一个特定的环境中经营的。从这个意义上来说企业战略决策是一种情景嵌入式的决策,企业战略制定者在制定企业战略时必须清楚地了解企业所处的内外部环境及其对企业战略决策会产生的影响。同时也必须清楚地了解企业的战略决策将对企业所处环境产生的影响。企业面临的外部环境包含的元素众多,并且各种因素之间存在复杂的相互联系,形成了层次化的结构特点。为了战略制定的合理性和有效性,通过将企业外部环境分为三个层次:第一层次是企业的一般外部环境,主要涉及影响企业战略选择的政治、法律、经济、文化等方面;第二层次是企业所面临的市场和产业环境,如目标市场、消费方式、商业模式、供应商、分销商、潜在进入者等;第三层次是竞争环境,主要包括竞争对手的商业模式、竞争战略选择等。这三种层次的外部环境因素之间存在明确的递进关系(如图5.2所示①),即一般环境的变化首先会导致市场和产业环境的变化,市场和产业环境的变化会导致竞争环境的变化,最后竞争环境的变化影响企业的战略制定行为,这是通过间接方式对企业战略行为产生影响。企业外部三种不同层次的环境因素都会对企业战略决策产生影响,即一般环境、市场与产业

---

① 该图引自蓝海林. 企业战略管理 [M]. 北京:科学出版社,2011:25.

環境、競爭環境分別對企業戰略行為產生影響，這是直接影響方式。戰略管理學理論認為，企業外部環境與企業戰略之間存在作用與反作用的關係，上述我們已經分析了企業外部環境對企業戰略的作用機制。接下來，我們將具體分析企業戰略對企業外部環境的反作用機制。企業對外部環境的影響首先是通過戰略行為的創新改變競爭環境，然後通過與競爭對手的合作和競爭行為改變企業所處的市場與產業環境，最後影響社會的一般環境。深入分析企業外部環境與企業戰略行為的相互作用機制，有助於企業管理者把握外部環境變化趨勢，結合企業自身的戰略力量，做出最有利於企業發展的戰略決策，並且能夠利用企業自身的戰略行為影響競爭者行為，進一步優化市場競爭環境和產業結構。

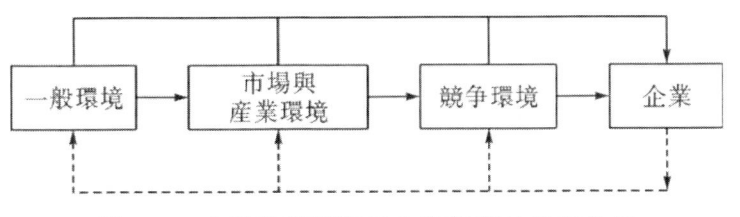

圖 5.2　企業外部環境與企業戰略的相互作用

　　從戰略實施主體的角度來看，戰略包括三個層次：公司層戰略、經營層戰略和作業層戰略（於增彪，2007），不同層次的戰略內涵是不同的。

　　公司層戰略是多元化經營企業的總部為建立和發揮多行業組合優勢而採取的一系列決策和行動，這些決策或行動的主要目的是實現行業組合效益的最大化，即多個行業的子公司組合管理的經濟效益要大於它們作為獨立企業經濟效益的簡單相加（藍海林，2011）。公司層戰略由公司最高管理層制定，主要涉及公司發展方向性、整體性、全局性、長遠性的問題。比如公司應該進入的行業類型選擇；公司應該選擇的多元化類型（橫向多元化或縱向多元化）；公司資源的行業投向問題；不同行業

的業務經營單元之間的協同問題等。大型公司往往由不同的部門和業務經營單元組成，這些部門和業務經營單元往往在不同的行業從事生產經營活動，面對不同的客戶需求，採取不同的經營戰略。在這種情況下，一個好的公司戰略，必須讓這些業務經營單元通過協同效應實現公司資源的有效整合，為整個公司增加價值，使得一個公司的整體價值高於所有業務經營單元的價值之和。

　　經營層戰略是指一個企業為了在一個特定的行業或者市場區域發揮自己的競爭優勢而為顧客創造最大的價值和建立新的競爭優勢所採取的一系列決策和行動（藍海林，2011）。經營層戰略針對企業中層管理制定，在中國企業中層指分公司或者子公司，國外指戰略經營單元（SBU-Strategic Business Unit）。嚴格地講，企業中層指企業內部有相對獨立對外銷售產品或服務的單元。企業高層並不直接參與市場競爭，真正直接參與市場競爭的是企業的分公司或者子公司，直接發生收入與成本、創造利潤的也是分公司或者子公司，因此制定和實施一項有效的企業經營層戰略對培育企業的市場競爭力將至關重要。同一企業內不同的戰略經營單元，所面臨的市場經營環境存在較大的差異，其採用的經營戰略也是不一樣的。經營層戰略的主體是從事某個行業或者業務的經營單位，這個業務單位分為兩種情況，一種是單一行業或者業務的獨立法人企業；另外一種是多元化經營企業（如企業集團）中負責某種行業經營的獨立子公司或者非獨立的事業部。作為一個專門從事某個行業經營的獨立法人企業，通過在特定的行業範圍內經營實現股東價值最大化。其戰略體系主要包括兩個層級，一個是經營層戰略，另一個是職能層戰略。其中，經營層戰略的制定主體是企業的戰略管理者，職能層戰略的制定主體是企業的職能部門經理，職能層戰略的制定必須在企業經營層戰略的框架下開展。在經營層

戰略中，企業戰略管理者可以增加產品或者服務類型，直到他們認為所增加的產品或服務類型與原來的產品或服務差別越來越大，以至於需要由不同的主體按照不同的戰略去經營時，此時戰略制定的性質就從單一行業的經營層戰略轉變為多元化經營的公司層戰略。在經營層戰略中，如果該企業戰略管理者認為某兩個產品區別較大，很難放在一個經營單位中採取相同的戰略去經營，這時可能會將兩個產品經營業務分離，由不同的業務單元去經營，那麼其戰略就已經轉變為公司層戰略。經營層戰略中，企業戰略管理者也可以擴大市場範圍，直到他們認為新開拓的市場區域與原來的市場區域差別越來越大，以至於需要由不同的主體按照不同的戰略去經營新市場區域時，那麼戰略的性質就開始從單一行業的經營層戰略轉變為市場多元化的公司層戰略。

　　多元化經營的企業總部是行業組合戰略的決策中心，作為其下屬業務單元只是行業經營的決策中心。多元化經營的企業總部戰略管理者是公司層戰略的決策主體，而各個業務經營單元的戰略管理者只是經營層戰略的決策主體。未經總部批准的情況下，業務單元的戰略管理者沒有權利做出進入其他行業或者市場的決策。因此，在多元化經營企業中，對於各個業務單元來說，無論它們是非獨立內部單位還是獨立的企業法人，其戰略只能是經營層戰略。

　　作業層戰略針對企業基層和現場制定，是企業競爭優勢的具體體現。作業層戰略的目的在於具體滿足客戶需要，貫徹企業經營層戰略。作業層戰略主要涉及成本與效率、產品或服務質量、對客戶的反應速度等。與公司層戰略或經營層戰略相比，作業層戰略具有短期性、局部性等特點。由於作業層的各項作業直接構成企業產品或者服務在成本、價格與質量等方面的競爭優勢，因此作業層戰略有可能成為競爭者不可模仿或者複製

的持續競爭優勢。成本是由於執行一些作業而產生的，成本優勢來源於能夠比競爭對手更有效地完成一些特定的作業。差別化來源於對作業的選擇以及執行各項作業的方式。根據企業資源基礎觀的思想，企業的競爭優勢取決於企業所擁有的內部資源能力。也就是說，企業作業層戰略的制定必須建立在對企業內部資源優勢與劣勢的分析基礎之上。只有識別出企業內部資源的優勢與劣勢，才能真正制定出符合企業實際的作業層戰略，並即時地改善企業內部資源能力，提高企業作業層戰略的執行力，持續獲得企業發展的競爭優勢。綜上所述，企業戰略的三個層次及其戰略選擇如表5.1所示：

表5.1　　　　　　　　企業戰略層次及戰略選擇

戰略層次	關鍵戰略問題	一般戰略選擇	戰略制定者
公司層戰略	公司目前的行業組合是否合適 公司應該進入哪些行業	單一行業 相關多元化 非相關多元化	公司管理者
經營層戰略 （業務單元）	處理業務單元與外部環境關係的基本導向	防守型戰略 前瞻型戰略	業務單元管理者
	目前業務單元的使命	創建 維護 收穫	業務單元管理者
	業務單元完成使命的方式	成本領先戰略 差異化戰略	業務單元管理者
作業層戰略	如何滿足客戶需求 貫徹經營層戰略	成本與效率 質量 對客戶反應迅速	基層管理者

其中，經營層戰略也有不同類型的戰略選擇，按照戰略模式可以分為防守型戰略（Defender）和前瞻性戰略（Prospector）等（Miles 和 Snow，1978）；按照戰略使命可以分為創建（Build）、維護（Hold）與收穫（Harvest）等（Gupta 和 Govindarajan，1984）；按照戰略定位可以分為成本領先戰略（Cost Leadership）和差異化戰略（Differentiation）等（Porter，1980）。戰略模式反應業務單元處理業務與環境關係的基本導向，同一戰略模式可能導致不同戰略使命和戰略地位的選擇（池國華，2005）。基於權變理論的研究思想，企業經營戰略的選擇是適應企業外部環境的一種方式，合理匹配的「環境—戰略」關係將是業務單元目標實現的有力保證。正如上文分析，企業的經營戰略模式反應了業務單元處理業務與環境關係的基本導向，因此本書選擇經營戰略模式作為對企業經營戰略的衡量。關於經營戰略模式的分類，一般將 Miles 和 Snow（1978）的分類方法作為最基本的分類。同時，Smith、Guthrie 和 Chen（1989）認為前瞻型和防守型戰略能夠適用於不同產業類型。基於此，本書選擇 Miles 和 Snow（1978）對經營戰略模式的分類方式作為對企業經營戰略的度量。Miles 和 Snow（1978）將經營戰略劃分為四大類型：前瞻型戰略（Prospectors）、分析型戰略（Analyzers）、防守型戰略（Defenders）和反應型戰略（Reactors），但是他們將反應型戰略視為不可持續的戰略類型，企業通常不會採取這種被動反應型戰略。因此，常用的戰略就是前瞻型戰略、分析型戰略和防守型戰略。Miles 和 Snow 將分析型戰略視為前瞻型戰略和防守型戰略的混合體，兼具兩者的特徵。大量的經驗證據表明，前瞻性戰略與防守型戰略共同定義了一個連續集（Continuum），分別位於連續集的兩端，而分析型戰略位於此連續集的中點附近（Anderson 和 Lanen，1999）。

企業戰略分為三個層次：公司層戰略、經營層戰略和作業層戰略。本書的研究對象是企業的經營層戰略，對應戰略經營單元。作為企業集團的分子公司或者獨立經營的企業來講，戰略經營單元處於市場前沿，直接面對市場競爭環境，其將根據公司層戰略和市場環境特點制定經營層戰略。相對經營層戰略

來說，公司層戰略更多地根據市場與產業環境、一般環境來制定，如公司的產業類型選擇、單一經營還是多元化經營、相關多元化還是非相關多元化等。公司層戰略主要把握整個企業的市場方向、未來發展路徑等，經營層戰略將公司戰略具體化，在某個目標市場中參與市場競爭。戰略是對企業長期發展目標的具體描述，其實質是通過合理的資源配置和路徑選擇實現企業的長期發展目標（陳佳俊，2003）。任何企業都是在特定的組織環境下開展經營活動的，因此企業戰略的制定與選擇必須適應企業所處的外部環境，只有適應企業所面臨外部環境的企業戰略才是合理的戰略選擇，所謂「適者生存」便是這個道理。企業戰略的制定與選擇是對企業面臨的外部環境的一種積極反應，對外部環境分析的目的就是尋找到外部環境與企業戰略之間的合理匹配關係。安索夫認為，只有當企業戰略與其外部環境達到最佳匹配時，企業才能獲得最大的利潤。因此，雖然不同層次的外部環境都會對企業的戰略變化產生影響，但是企業所面臨的市場競爭環境是對企業經營戰略變化產生影響的直接因素。戰略定位學派和產業組織的基本理論都強調，市場競爭壓力對企業經營戰略的選擇具有決定性的影響（劉海潮和李垣，2008）。企業在面臨激烈的市場競爭情況下，將通過戰略變化來尋求減小競爭壓力，提高企業的競爭優勢。

當企業所面臨的市場競爭程度較低時，企業的經營環境比較穩定，更多地採用常規的生產技術，其目標就是獲取穩定的顧客群和市場份額。這些企業沒有足夠的動力進行產品或服務創新，更多地將重心放在提高生產效率、降低產品成本、改善產品在市場上的價格競爭力。具有這種經營特徵的企業實際上就是採用的防守型戰略，其在創新上不夠活躍，取得成功的關鍵是提高生產效率。與此相反，當企業所面臨的市場競爭程度高時，企業所感受到的市場競爭壓力較大，主要表現為市場同

質化競爭者較多，同質商品的購買者可選擇範圍增大，提高了顧客的議價能力，使得整個行業的利潤率攤薄。大量的市場競爭者提供功能相同或者相似的產品，造成廠商之間大打價格戰，由此壓縮了產品的競爭力。在此情況下，企業必須尋求產品的創新與突破，改變市場競爭戰略，採取前瞻型戰略不斷尋找新的產品和市場機會，以提高企業的市場競爭能力。Miller 和 Friesen（1983）對美國與加拿大的企業進行研究，發現隨著環境不確定性程度的提高，企業更多地採取創新型、增長導向的經營戰略。Miller（1988）發現企業面臨的不確定性程度越高，則越傾向於採取創新型戰略。在中國市場經濟環境中，最為典型的就是家電行業。20世紀90年代末，家電行業的經營環境還比較穩定，大多數的家電企業主要採用價格戰作為企業的競爭戰略，通過提高產品的生產效率，降低產品的生產成本，在市場上採取低價促銷的方式贏得市場份額，即薄利多銷，長虹電器就是一個典型的例子。但是，進入21世紀以來，家電生產企業大量增加，生產技術的發展大大提高了企業的生產效率，使得家電企業生產效率方面可挖的潛力變得非常有限，家電行業的競爭日趨白熱化。同時，隨著生活水平的提高，人們對家電的品質提出了更高的要求。這就要求家電企業必須根據市場的需求變化，創新產品功能以適應市場需求，或更進一步去創造市場需求。這就要求企業重視研發和市場營銷，尋找新的產品和市場機會，這就是所謂的前瞻型戰略。企業經營戰略是市場競爭程度的內生變量：當市場競爭程度高時，企業傾向於採取前瞻型戰略；當市場競爭程度低時，企業傾向於採取防守型戰略。據此，本書提出研究假設一：

H1：企業所面臨的市場競爭程度越高，則越傾向於採取前瞻型戰略。

採用不同戰略的企業所面臨的環境、發展路徑和動用的資

源都有很大的不同。業績評價指標分為財務指標和非財務指標。財務指標的數據主要來源於會計系統，使用貨幣計量方式，比如成本、利潤、投資報酬率與經濟增加值等都是財務指標。非財務指標的數據主要來源於經營系統，無法直接使用貨幣計量方式，比如產量、廢品率、市場份額、顧客滿意度、及時交貨率和顧客退回率等都是非財務指標。非財務指標比財務指標能更及時地提供相關性更強的管理決策信息，而財務業績評價指標最大的局限就是滯後性和綜合性。財務指標的滯後性無法滿足管理層制定管理決策的需要，財務指標的綜合性造成業績與激勵之間的脫節。

企業的競爭戰略要與經營環境相適應，而業績評價指標的選擇是經營戰略的函數（陳佳俊，2003）。面臨激烈競爭環境的企業通常選擇前瞻型戰略，為了應對動態的經營環境，企業需要不斷地開發新產品、新市場。市場營銷部門和研發部門對前瞻型戰略的實施至關重要，但是這些部門所做出的努力並不能在短期財務業績上取得明顯的改善。對於採取前瞻型戰略的企業來說，運用短期財務業績指標來評價管理者的努力水平，其業績評價的信息含量將大打折扣，不能有效地激勵管理者按照前瞻型戰略的要求專注於研發和市場營銷等，這就需要運用更多的非財務指標。採取前瞻型戰略的企業更重視效果而非效率，因此更加重視非財務指標。Govindarajan 和 Gupta（1985）也發現採取前瞻型戰略的企業更多地運用非財務指標。選擇防守型戰略的企業通常面臨較為穩定的經營環境，目標是獲取較為穩定的市場份額和收益，更加重視企業生產的效率而非效果，因此更加重視財務業績指標。綜上所述，實施不同經營戰略的企業，通常會考慮選擇不同的業績評價指標：選擇防守型戰略的企業更重視財務指標；選擇前瞻型戰略的企業更重視非財務指標。據此，本書提出研究假設二：

H2：企業越傾向於採取前瞻型戰略，則非財務指標採用程度越高。

企業的短期財務目標是獲取利潤，長期財務目標是為股東創造價值。所有的其他目標都是財務目標的從屬目標。企業的經營戰略與競爭環境會影響非財務指標與財務指標之間的關係。企業業績評價系統應該能夠觀察到市場需求的變化，評價企業目標的實現過程以確保企業目標的實現。由於企業需要監控市場環境的變化（如：價格、市場份額、營銷、競爭對手等），因此企業就需要一個包括財務與非財務業績指標的業績評價系統。對於大多數企業而言，需要在顧客滿意度、創新、生產效率和員工滿意度等方面同時得到改善，而一個動態的、綜合的業績評價系統將是企業所必需的。儘管綜合業績評價系統最終還是強調財務業績目標的取得（如：淨利潤、投資報酬率、銷售增長率等），但是它包括了財務目標的業績驅動因素（如：顧客滿意度、生產效率、雇員滿意度等）。

使用多元化業績評價指標的一個重要決定因素是企業所面臨的市場競爭程度。Lynch 和 Cross（1991）研究發現，組織所面臨的市場競爭程度越高，則越可能使用多元化業績評價指標。通過動態監控組織能力對組織的發展非常重要，而多元化業績指標有助於企業及時發現不增值作業進而提出改進措施，因此多元化業績指標能夠清晰地監控組織的發展能力，提升組織的競爭優勢。面對不同的市場競爭程度，管理者使用業績評價信息的頻率和方式也不一樣。當企業面臨較低的市場競爭程度，管理者會定期地使用特定的業績評價信息，或企業出現例外管理時才會使用；當企業面臨較高的市場競爭程度，市場環境變化較快，管理者需要根據業績評價系統提供的信息推斷市場環境，及時、準確地做出管理決策，所以管理者會將業績評價信息作為日常管理的信息來源。

基於上述分析，面臨市場競爭程度較高的企業，為了能夠抓住改善競爭優勢的市場機會，更可能會使用綜合業績指標。企業為了在激烈的市場競爭中生存發展，必須整合財務業績指標與非財務業績指標。在如今的競爭環境中，這種平衡的業績評價系統對於企業取得長遠的發展至關重要。由於每一種業績指標都有自身的缺陷，最有效的解決方式就是將單一的指標整合成有機的指標體系。這種多元化的業績指標體系不僅能夠滿足所有者的終極訴求，而且可以保護企業免受不可控因素的衝擊（Kaplan 和 Norton，1996）。據此，本書提出研究假設三：

H3：市場競爭程度與非財務指標採用程度正相關。

將研究假設一、二、三聯繫起來考慮，市場競爭程度與非財務指標採用程度正相關，同時市場競爭程度變量可能通過作用於企業的經營戰略，進而影響業績評價系統中業績指標的選擇，即前者是直接效應，後者是間接效應。企業經營戰略在市場競爭程度與非財務指標採用程度兩者關係之間起到仲介變量的作用。至於企業經營戰略起到完全仲介作用還是部分仲介作用，則需要通過數據分析結果進行驗證。

5.2 研究設計

為了檢驗經營戰略的仲介作用，本章使用三個迴歸模型。自變量是市場競爭程度，因變量是非財務指標採用程度，仲介變量是經營戰略，將被調查企業規模、行業類型、成立年限和上市背景作為控制變量。

5.2.1 模型設計

按照仲介變量模型的檢驗要求，本章設置迴歸方程模型

5.1~5.3：

$$NFM = \beta_0 + \beta_1 IMC + \sum \beta_i \text{control variables} + \varepsilon \quad (5.1)$$

$$BS = \beta_0 + \beta_1 IMC + \sum \beta_i \text{control variables} + \varepsilon \quad (5.2)$$

$$NFM = \beta_0 + \beta_1 IMC + \beta_2 BS + \sum \beta_i \text{control variables} + \varepsilon \quad (5.3)$$

上述模型的變量定義如表 5.2 所示：

表 5.2　　　　　　　　變量定義表

變量名稱	變量簡寫[①]	變量定義
市場競爭程度	IMC	從競爭對手數量、技術更新、新產品開發、價格競爭、市場份額、市場營銷渠道和政府管制七個方面對市場競爭程度進行刻畫
經營戰略	BS	防守型戰略與前瞻型戰略位於該連續變量的兩端，該變量得分越高，則越傾向於前瞻型戰略
非財務指標	NFM	非財務指標的採用程度
組織規模	SIZE	企業員工人數的自然對數
行業類型	IND	當被調查企業為製造業企業，則 IND = 1；否則 IND = 0
成立年限	AGE	企業成立年限的自然對數
上市背景	LIST	當被調查企業是上市公司，則 LIST = 1；否則 LIST = 0

[①] 市場競爭程度（Intensity Of Market Competition）、經營戰略（Business Strategy）、非財務指標（Nonfinancial Measures）、組織規模（Size）、行業類型（Industry Type）。

5.2.2 變量測量

為了後續實證研究的需要,將進一步對上述變量的測量方式進行詳細的描述。

(1) 市場競爭程度

由於組織所面臨的市場競爭程度由不同因素決定,因此本書需要從不同的角度對戰略業務單元的相關因素進行打分以刻畫該業務單元所面臨的市場競爭程度。本書就每一項反應市場競爭的因素設計一個題項,由戰略業務單元的管理者根據所在企業的實際情況對每一個題項(Item)的描述進行打分。Hoque et al. (2001) 分別從產品價格、新產品開發速度、市場營銷渠道、市場份額、競爭對手行為與競爭對手數量等方面設計六個問題對市場競爭程度變量進行衡量。Mia 和 Clarke (1999) 從主要競爭對手數量、技術更新速度、新產品開發速度、價格競爭程度、客戶一攬子交易程度、市場營銷渠道與政府管制政策變化七個方面對市場競爭程度進行量化。綜合上述文獻的問卷設計和受訪者的建議,本書分別從競爭對手數量、技術更新、新產品開發、價格競爭、市場份額、市場營銷渠道和政府管制七個方面對市場競爭程度進行刻畫。問卷的題項採用 6 點打分法,依次從程度較低到程度較高(打分越高,表示市場競爭程度越高),其中 B5 和 B7 兩個題項分別表示企業所占市場份額和企業所在行業的政府管制程度。由於企業產品或服務占所在行業的市場份額越大表示該企業所面臨的市場競爭程度越低,所在行業政府管制程度越高表示該企業所面臨的市場競爭程度越低,因此這兩個題項獲得的數據將做一定的轉換,即用 7 減去題項得分。如此轉換之後,就使得該變量下的所有題項得分的方向都實現一致,即題項得分越高表示市場競爭程度越高。

(2) 經營戰略

基於權變理論的研究思想,經營戰略的選擇是戰略業務單

元適應外部環境的一種方式，合理匹配的「環境—戰略」關係將是業務單元目標實現的有力保證。經營戰略有不同類型的戰略選擇，包括戰略模式、戰略使命和戰略定位，其中戰略模式反應了業務單元處理業務與環境關係的基本導向，因此本書選擇經營戰略模式作為對企業經營戰略的衡量。關於經營戰略模式的分類，一般將 Miles 和 Snow（1978）的分類方法作為最基本的分類，將經營戰略劃分為四大類型：前瞻型戰略（Prospectors）、分析型戰略（Analyzers）、防守型戰略（Defenders）和反應型戰略（Reactors），但是他們將反應型戰略視為不可持續的戰略類型，企業通常不會採用被動反應型戰略。而且，Smith、Guthrie 和 Chen（1989）認為前瞻型和防守型戰略能夠適用於不同產業類型。考慮到本書的問卷調查樣本分佈在不同的產業，本書選擇 Miles 和 Snow（1978）對經營戰略模式的分類方式作為對企業經營戰略特徵的度量。因此，常用的戰略就是前瞻型戰略、分析型戰略和防守型戰略。Miles 和 Snow 將分析型戰略視為前瞻型戰略和防守型戰略的混合體，兼具兩者的特徵。大量的經驗證據表明，前瞻性戰略與防守型戰略共同定義一個連續集（Continuum），分別位於連續集的兩端，而分析型戰略位於連續集的中點附近（Anderson 和 Lanen，1999）。

　　根據劉海建和陳傳明（2007）對戰略前瞻性變量的測量題項，問卷要求被調查者根據公司的實際情況，客觀判斷以下六項描述與企業實際相符的程度（答案分為六級，1=「完全不符」，6=「完全相符」）：公司具有冒險精神，總是試圖開拓新的市場；公司在進入新的市場時總是試圖成為行業領先者；公司經常推出新的產品或對已有產品進行升級換代；公司很重視對市場的研究，並對市場信號做出快速反應；公司很重視產品研發，並投入大量研發資金；公司強調員工的創新思維與學習能力。

(3) 業績評價指標

權變理論認為,一個能有效適應外部環境變化的企業組織,應該能保證企業組織的內部管理子系統設計與外部環境變化的需要保持一致性(賀穎奇,1998)。企業組織結構的設計必須根據環境的不確定性、技術條件、公司規模等權變特徵而定,據此設計出更有效的管理控制系統,業績評價系統作為管理控制系統的子系統,在業績評價指標的選擇上也應該匹配權變的管理會計系統,即與企業外部環境的變化保持一致。在一個開放的、多變的組織環境中,不存在一種統一的、不變的管理控制方法和標準。因此只有一種複合式的權變評價指標體系,才能滿足「隨機制宜」的要求(賀穎奇,1998)。複合式指標體系是指同時採用多種指標來計量和評價企業經營業績。相比傳統單一式的財務業績評價指標,複合式指標體系由財務指標與非財務指標組成,不僅反應企業營運最終的財務結果,而且能夠體現企業經營的戰略路徑,對企業經營進行過程管理,確保企業財務目標的實現。

業績評價指標體系作為業績評價系統的重要組成部分,其主要由兩種性質的指標組成,即財務指標與非財務指標,財務指標是企業經營的價值實現目標,非財務指標是財務指標的前導因素,只有企業的非財務業績表現良好,才可能帶來好的財務業績,但是兩者並沒有必然的因果關係。具體到非財務指標的內部結構,其又可以劃分為客觀非財務指標與主觀非財務指標。客觀非財務指標屬於定量指標,一般應用於企業內部研發部門、生產部門和銷售部門等職能部門的考核,如新專利數量、新產品上市數量、新產品上市週期等指標用於對研發部門的業績評價;保修次數、退貨率、廢品率等指標用於對生產部門的業績考核;市場佔有率、及時交貨率、客戶投訴次數、客戶滿意度等指標主要用於對銷售部門的業績考核。主觀非財務指標

屬於定性指標，一般通過上級領導或人力資源部門打分排名獲得業績評價信息。通常來說，企業業績評價實踐中更傾向於運用定量指標對內部職能部門及其員工進行考核，主要是由於定量評價結果更加直觀、準確，有助於評價結果的比較和激勵懲罰機制的實施。然而，並不是所有的企業內部職能部門都可以通過定量指標進行業績評價的。一般來講，企業的利潤中心和投資中心發生收入和成本，比較容易利用定量化指標進行業績評價，比如生產部門和銷售部門。相對來說，成本費用中心的主要功能是服務於利潤中心或投資中心，其成本投入比較容易測量，但是產出並不容易度量，因此一般使用標準成本或者費用預算控制成本費用中心的支出額度，比如財務部門、內部審計部門和人力資源部門等。這樣的成本費用控制方法並不符合現代企業的管理理念，如果當年的實際業務量發生變化，就無法公平地考核該部門業績。甚至可能出現為了降低成本或控制支出而減少業務量，就無法對成本費用中心形成有效的激勵，也不利於企業整體經營活動的開展。這種情況下就需要主觀非財務指標對定量化指標進行有效的補充，根據企業經營戰略和內部職能部門的實際情況合理設定主觀非財務指標，由董事會下設的戰略委員會牽頭組成業績考核小組（小組成員由內部管理人員與外部獨立的第三方人員構成），分別對各職能部門進行獨立評分。最終將定量指標和定性指標的得分按照各自的權重加總得到一個總評分。由於中國國有企業設立目標的特殊性，一部分是為提供公共產品和服務設立的，一部分是為實現國家戰略發展目標設立的，有些國有企業還承擔一部分政府職能。因此，國有企業的業績評價問題有其特殊性，不同設立目的的國有企業，其業績評價指標也不同。

  2006年，國資委根據《企業國有資產監督管理暫行條例》，制定並頒布了《中央企業綜合績效評價管理暫行辦法》和《中

央企業綜合績效評價實施細則》。該績效評價體系由22個財務績效定量評價指標和8個管理績效定性評價指標組成。財務績效定量評價指標包括8個基本指標和14個修正指標。企業管理績效定性評價指標包括戰略管理、發展創新、經營決策、風險控制、基礎管理、人力資源、行業影響、社會貢獻8個方面的指標，主要反應企業在一定經營期間所採取的各項管理措施及其管理成效。基於此，本書調查問卷設置8個主觀非財務指標，即國有企業考核辦法中的8個管理績效指標。

業績指標選擇量表設計14個財務指標、12個客觀非財務指標、8個主觀非財務指標。業績評價指標體系涉及兩個問題，一個是業績指標的量，一個是業績指標的權重。業績指標的量與質是業績指標選擇的兩個方面，兩者不可偏廢、缺一不可。然而，已有的研究文獻對業績指標體系主要是從量的角度刻畫，並沒有考慮到業績指標的權重問題。從業績指標體系的設計角度來說，這樣的量化方法是存在缺陷的，並不能準確地反應出不同企業業績評價體系的差異。基於這個考慮，為了更加準確地量化業績評價體系的特徵，本書嘗試運用量表去度量不同業績指標的權重。具體的做法就是要求被調查者根據企業業績評價實際情況，判斷該項業績指標是否在被調查企業使用，如果被調查企業正在使用該指標，則進一步對其重視程度進行打分，分別從1到6分逐級遞增。如果被調查企業未使用該指標，則直接選擇0分。1到6分的評分就是每項業績評價指標的重視程度，0分就表示該企業未使用該指標，這樣的問卷設計既能反應出被調查企業使用業績指標的量，也能刻畫業績指標的使用權重。不同類型業績評價指標的採用程度，按照每類業績指標下的每項分指標得分之和除以總分，總分等於7乘以分指標數量。當然，本量表刻畫的業績指標使用權重並不是企業業績評價實踐的真實權重數據，而是一個不同業績指標的相對權重概念，

是為了實證研究的需要所設計的替代變量。

　　財務指標採用程度：根據已有理論文獻和企業管理實踐，調查問卷中設計 14 個財務指標，分別是總利潤（或淨利潤）、銷售利潤率、淨資產報酬率、總資產報酬率、經濟增加值（EVA）、總資產週轉率、應收帳款週轉率、銷售收入增長率、資本保值增值率、人均利潤（主營業務利潤/員工平均人數）、培訓支出比率（員工培訓支出/主營業務收入）、技術創新投入率（技術創新投入總額/淨利潤）、新品銷售率（新品銷售收入/總銷售收入）、上繳利稅率（上繳利稅總額/平均資產總額）。由於被調查對象涉及國有企業與民營企業，國有企業的業績評價指標有其特殊性，因此本書設計的財務指標包括一些通用指標，也包括一些國有企業專用的指標，比如資本保值增值率、上繳利稅率等。其目的是為了保證調查問卷的適用性，方便被調查對象的問卷填答。調查問卷中每個財務指標都賦予 0~6 分，如果被調查企業未使用該財務指標，則選擇 0 分；如果被調查企業正在使用該財務指標進行業績評價，則從 1~6 分中選擇對該財務指標的重視程度，1~6 分反應該財務指標在被調查企業的業績評價指標體系中的權重高低。為了將財務指標採用的數量和權重兩個因素都反應在財務指標採用程度這個替代變量中，本書將財務指標採用程度轉換成一個比率值，分子為每個財務指標的打分之和，分母等於財務指標數量乘以量表計分制的最大值，即 14×6 = 84。

　　客觀非財務指標採用程度：根據已有理論研究文獻和企業業績評價實踐，本書設計 12 個客觀非財務指標，包括市場佔有率、及時交貨率、客戶投訴次數、保修次數、退貨率、客戶滿意度、廢品率、新專利數量、新產品上市數量、新產品上市週期、員工滿意度、就業崗位率（企業平均人數/平均資產總額）。調查問卷中每個客觀非財務指標都賦予 0~6 分，如果被調查企

業未使用該客觀非財務指標，則選擇0分；如果被調查企業正在使用該客觀非財務指標進行業績評價，則從1~6分中選擇對該客觀非財務指標的重視程度，1~6分反應該客觀非財務指標在被調查企業的業績評價指標體系中的權重高低。為了將客觀非財務指標採用的量和權重兩個因素都反應在客觀非財務指標採用程度這個替代變量中，本書將客觀非財務指標採用程度轉換成一個比率值，分子為每個客觀非財務指標的打分之和，分母等於客觀非財務指標數量乘以量表計分制的最大值，即12×6=72。

主觀非財務指標採用程度：根據2006年國資委頒布的《中央企業綜合績效評價實施細則》，本書調查問卷設計8個主觀非財務指標，包括戰略管理、發展創新、經營決策、風險控制、基礎管理、人力資源、行業影響、社會貢獻。本書調查問卷中對每個主觀非財務指標都賦予0~6分，如果被調查企業未使用該主觀非財務指標，則選擇0分；如果被調查企業正在使用該主觀非財務指標進行業績評價，則從1~6分中選擇對該主觀非財務指標的重視程度，1~6分反應該主觀非財務指標在被調查企業的業績評價指標體系中的權重高低。為了將主觀非財務指標採用的量和權重兩個因素都反應在主觀非財務指標採用程度這個替代變量中，本書將主觀非財務指標採用程度轉換成一個比率值，分子為每個主觀非財務指標的打分之和，分母等於主觀非財務指標數量乘以量表計分制的最大值，即8×6=48。

非財務指標的採用程度也轉換成比率值，分子等於每個非財務指標的打分之和，分母等於非財務指標數量乘以量表計分制的最大值，即20×6=120。非財務指標包括客觀非財務指標與主觀非財務指標。

（4）控制變量

組織規模：在管理控制系統研究的文獻中，員工人數通常

用於代表組織規模（Chenhall，2003），Size 表示被調查者所在公司的員工人數，在迴歸分析中，對員工人數取對數作為 Size 的取值。

　　行業類型：處於不同行業的被調查企業採用的管理會計控制系統存在差別，最終的業績表現也存在差異，因此本書將行業類型作為一個控制變量引入模型。一般將被調查企業劃分為製造業企業和非製造業企業兩類，如肖澤忠等（2009）。基於此，本書也將被調查企業劃分為製造業企業和非製造業企業。如果被調查企業為製造業企業，則 Ind＝1；否則 Ind＝0。

　　成立年限：處於不同生命週期的被調查企業在管理控制系統的設置方面可能存在差別，為了控制這個因素的作用，將被調查企業的成立年限作為控制變量。在迴歸分析中，將成立年限取自然對數得到 Age 的取值。

　　上市背景：相對非上市公司來講，上市公司具有更加規範的企業內部管理制度，可能會到企業的管理控制系統設置產生影響。為了控制此因素，設置一個虛擬變量，如果被調查企業是上市公司，則 List＝1，否則 List＝0。

5.3　實證結果及分析

　　本章將使用兩種性質的變量：潛變量與顯變量。潛變量需要使用因子分析方法，如市場競爭程度和經營戰略；顯變量可以直接計算變量取值，如非財務指標採用程度。接下來先使用因子分析方法計算兩個潛變量的取值，然後對三個變量的取值進行描述性統計，最後對三個變量的仲介作用關係進行迴歸分析。

5.3.1 因子分析結果

市場競爭程度和經營戰略變量屬於潛變量，需要通過因子分析檢驗問卷設計的理論一致性。由於問卷設計採用的是成熟量表，每個變量下設置的題項都是用來測試同一理論維度，因此本書採用驗證性因子分析方法進行檢驗。

(1) 市場競爭程度

對市場競爭程度進行驗證性因子分析的檢驗結果（見表5.3）顯示：取樣足夠度的 KMO 值為 0.719（>0.7），Bartlett 球形檢驗的近似卡方值的顯著性概率為 0.000（<0.001），說明數據具有相關性，適宜進行因子分析。

表5.3　市場競爭程度的 KMO 測量和 Bartlett 球形檢驗結果

取樣足夠度的 KMO 值	0.719
Bartlett 球形檢驗的近似卡方值	174.611
自由度	21
顯著性概率	0.000

市場競爭程度的驗證性因子分析結果如表 5.4 所示：市場競爭程度所包含的題項 B3、B1、B4、B2、B6 的載荷係數都大於 0.5（最小值為 0.552，最大值為 0.774），B5 和 B7 兩個題項的載荷係數小於 0.5，因此刪掉 B5 和 B7 兩個題項，使用 B3、B1、B4、B2 和 B6 五個題項測量企業所面臨的市場競爭程度。這五個題項的內部一致性係數，即 Cronbach α 係數為 0.723（>0.7），表明這五個題項測量的市場競爭程度變量具有較高的信度。市場競爭程度變量的取值等於 B3、B1、B4、B2 和 B6 五個題項得分的算術平均值。

表 5.4　　　　市場競爭程度的驗證性因子分析結果

題 項	因子載荷系數
B3：貴公司所在行業新產品/服務出現的速度	0.774
B1：貴公司競爭對手數量	0.710
B4：貴公司所在行業價格競爭程度	0.689
B2：貴公司所在行業生產技術更新速度	0.666
B6：貴公司所在行業銷售渠道競爭程度	0.552
B5：貴公司產品或服務占所在行業的市場份額	0.329
B7：貴公司所在行業受政府管制程度	-0.281

（2）經營戰略

對市場競爭程度進行驗證性因子分析的檢驗結果（見表5.5）顯示：取樣足夠度的 KMO 值為 0.803（>0.7），Bartlett 球形檢驗的近似卡方值的顯著性概率為 0.000（<0.001），說明數據具有相關性，適宜進行因子分析。

表 5.5　　經營戰略的 KMO 測量和 Bartlett 球形檢驗結果

取樣足夠度的 KMO 值	0.803
Bartlett 球形檢驗的近似卡方值	307.207
自由度	15
顯著性概率	0.000

經營戰略的驗證性因子分析結果如表 5.6 所示：經營戰略包含的所有題項的載荷系數都大於 0.5（最小值為 0.613，最大值為 0.833），因此使用 D3、D4、D5、D6、D1、D2 六個題項測量企業採用的經營戰略。這六個題項的內部一致性系數，即 Cronbach α 系數為 0.856（>0.7），表明這六個題項測量的經營戰略變量具有較高的信度。經營戰略變量的取值等於 D3、D4、D5、D6、D1 和 D2 六個題項得分的算術平均值。

表5.6　　　　　　　經營戰略的驗證性因子分析結果

題 項	因子載荷系數
D3：公司經常推出新的產品或對已有產品進行升級換代	0.833
D4：公司很重視對市場的研究，並對市場信號做出快速反應	0.829
D5：公司很重視產品研發，並投入大量研發資金	0.799
D6：公司強調員工的創新思維與學習能力	0.764
D1：公司具有冒險精神，總是試圖開拓新的市場	0.739
D2：公司在進入新的市場時總是試圖成為行業領先者	0.613

5.3.2　描述性統計

本章實證分析涉及的主要變量是 IMC、BS 和 NFM，在第四章已經對控制變量 SIZE、IND、AGE 和 LIST 進行過詳細描述，此處主要對 IMC、BS 和 NFM 三個變量進行描述性統計，如表 5.7 所示。

表5.7　　　　　　　變量描述性統計表

變量	樣本數	均值	標準差	最小值	最大值
IMC	115	3.993	0.980	1.400	6.000
BS	115	4.084	1.039	1.333	6.000
NFM	115	0.594	0.188	0.017	0.925

從表 5.7 可知，IMC 的均值為 3.993，最小值為 1.4，最大值為 6，說明被調查企業所面臨的市場競爭程度總體上處於均值 3.5 附近，分佈範圍較廣。不同的被調查企業面臨的市場競爭程度具有較大的差異，也在一定程度上說明不同行業的企業或同一行業的不同企業面對的經營環境存在較大的差異。BS 的均值為 4.084，最小值為 1.333，最大值為 6，說明被調查企業整體

上傾向於採取前瞻型戰略，高於均值 3.5。經營戰略的跨度較大，最小值為 1.333 表明有些被調查企業採取的是防守型戰略，最大值為 6 表明有些被調查企業採取的是非常積極的前瞻型戰略。NFM 的均值為 0.594，最小值為 0.017，最大值為 0.925，說明被調查企業非財務指標採用程度整體上處於均值 0.5 附近，最小值靠近 0，最大值靠近 1，分佈較為廣泛。

5.3.3 迴歸分析結果

表 5.8、表 5.9、表 5.10 分別是模型 5.1、模型 5.2 和模型 5.3 的迴歸分析結果，用於檢驗市場競爭程度、經營戰略與非財務指標採用程度三者之間的仲介作用關係。表 5.8 的迴歸分析結果中，被解釋變量是 NFM，從該表可以看出，IMC 與 NFM 正相關，但是並不顯著，說明在總樣本企業中並未發現市場競爭程度與非財務指標採用程度正相關的關係。

表 5.8　市場競爭程度與非財務指標採用程度的迴歸分析結果

變量	系數	t 值	P 值
常數項	0.362***	3.81	0.000
IMC	0.028	1.60	0.113
SIZE	0.009	0.74	0.458
IND	0.060	1.56	0.122
AGE	0.011	0.52	0.605
LIST	0.038	0.95	0.342
Adj-R^2	0.082		
F 值	1.95*		

註：* 表示 P<0.1，** 表示 P<0.05，*** 表示 P<0.01，下同。

管理會計控制系統理論認為，企業外部環境的變化首先會引起企業經營戰略的調整，然後改變企業管理會計控制系統，

以實現企業的經營戰略。據此，本書認為經營戰略是市場競爭程度與非財務指標採用程度的仲介變量。按照仲介作用的檢驗原理，第二步就是檢驗 IMC 對 BS 的作用效應。表 5.9 的迴歸分析結果中，被解釋變量是 BS，從該表可以看出，IMC 對 BS 具有顯著正的影響，在 1% 的水平上顯著，說明企業所面臨的市場競爭程度越高，越傾向於採取前瞻型戰略。

表 5.9　　市場競爭程度與經營戰略的迴歸分析結果

變量	系數	t 值	P 值
常數項	2.715***	5.286	0.000
IMC	0.353***	3.681	0.000
SIZE	0.004	0.062	0.950
IND	0.106	0.511	0.611
AGE	−0.094	−0.825	0.411
LIST	0.283	1.328	0.187
Adj-R^2	\multicolumn{3}{c}{0.079}
F 值	\multicolumn{3}{c}{2.968**}

表 5.10 的迴歸分析結果中，被解釋變量是 NFM，在表 5.8 的基礎上加入仲介變量 BS。從表 5.10 可以看出，加入仲介變量 BS 之後，IMC 對 NFM 不再具有顯著的影響，但是 BS 對 NFM 具有顯著正的影響，在 1% 的水平上顯著，說明企業越傾向於採取前瞻型戰略，非財務指標採用程度越高。仲介作用檢驗結果表明，在總樣本中經營戰略對市場競爭程度與非財務指標採用程度之間的關係並未起到仲介變量的作用。接下來，我們將研究樣本劃分為國有企業樣本與民營企業樣本，分別對三個模型進行迴歸分析。

表 5.10　控制 BS 後 IMC 與 NFM 的迴歸分析結果

變量	系數	t 值	P 值
常數項	0.358*	1.947	0.054
IMC	0.004	0.236	0.814
BS	0.069***	4.150	0.000
SIZE	0.009	0.773	0.441
IND	0.053	1.464	0.146
AGE	0.017	0.882	0.380
LIST	0.018	0.491	0.625
Adj-R^2	0.164		
F 值	4.740***		

5.4　分類檢驗

本書進一步將研究樣本劃分為國有企業樣本與民營企業樣本，國有樣本 68 個，民營樣本 47 個，分樣本對模型 5.1、模型 5.2 和模型 5.3 進行迴歸分析。從表 5.11 可以看出，在總樣本中 IMC 與 NFM 不具有顯著的關係，然而在國有企業樣本中 IMC 對 NFM 具有顯著為正的影響，在 10%的水平上顯著，在民營樣本中也不具有顯著的關係，即國有企業面臨的市場競爭程度越高，則非財務指標採用程度越高。

表 5.11　市場競爭程度與非財務指標採用程度的分類檢驗結果

變量	NFM		
	總樣本	國有樣本	民營樣本
常數項	0.362*** (3.81)	0.299** (2.39)	0.411** (2.56)
IMC	0.028 (1.60)	0.039* (1.85)	0.016 (0.49)
控制變量	已控制	已控制	已控制
樣本量	115	68	47
Adj-R^2	0.082	0.042	0.004
F 值	1.95*	1.59	0.96

註：括號內為 t 值，下同。

從表 5.12 可以看出，不管是總樣本還是分樣本，IMC 與 BS 都具有顯著為正的關係，即企業所面臨的市場競爭程度越高，則越傾向於採取前瞻型戰略。

表 5.12　市場競爭程度與經營戰略的分類檢驗結果

變量	BS		
	總樣本	國有樣本	民營樣本
常數項	2.715*** (5.29)	1.658** (2.59)	3.539*** (4.31)
IMC	0.353*** (3.68)	0.390*** (3.59)	0.345** (2.09)
控制變量	已控制	已控制	已控制
樣本量	115	68	47
Adj-R^2	0.079	0.142	0.095
F 值	2.968**	3.21**	1.96

從表 5.13 可以看出，不管是總樣本還是分樣本，在控制 BS 之後，IMC 與 NFM 之間不再具有顯著的關係。從表 5.11～5.13 的分樣本迴歸分析結果可以發現，在民營企業樣本中經營戰略

在市場競爭程度與非財務指標採用程度的關係中不具有仲介變量作用，而在國有企業樣本中經營戰略在市場競爭程度與非財務指標採用程度的關係具有完全仲介作用。也就是說，國有企業的市場競爭程度對非財務指標採用程度的作用需要通過經營戰略這個仲介變量，表明在政府的推動作用下國有企業引進先進的管理理論和方法對國企內部管理水平有較大的改善，比民營企業表現更好。同時，也說明影響管理會計控制系統設計的市場競爭程度與經營戰略變量並不是同一層面的權變變量，經營戰略是對經營環境變化的反應。這一研究結論驗證了前文提出的「環境→戰略→業績評價」的基本邏輯路徑。

表 5.13　控制 BS 後 IMC 與 NFM 關係的分類檢驗結果

變量	NFM 總樣本	NFM 國有樣本	NFM 民營樣本
常數項	0.358* (1.95)	0.188 (1.51)	0.132 (0.73)
IMC	0.004 (0.24)	0.013 (0.59)	-0.012 (-0.37)
BS	0.069*** (4.15)	0.067*** (2.87)	0.079*** (2.79)
控制變量	已控制	已控制	已控制
樣本量	115	68	47
Adj-R^2	0.164	0.142	0.138
F 值	4.740***	2.85**	2.23*

5.5　本章小結

本章以權變理論為基礎，運用問卷調查數據實證檢驗業績

評價指標選擇的影響因素。按照管理控制系統的理論思想，遵循「外部環境→戰略控制→管理控制」的邏輯路徑，本章選擇市場競爭程度和經營戰略作為業績評價指標選擇的影響因素，從理論層面深入分析市場競爭程度、經營戰略與業績指標選擇的理論關係，並運用問卷調查數據實證檢驗市場競爭程度、經營戰略與非財務指標採用程度這三個變量之間的數量關係。

實證檢驗結果如表5.14所示，從該表可以看出，本章提出的三個研究假設得到了問卷數據的經驗支持。研究結論表明，市場競爭程度與非財務指標採用程度在國有樣本中呈顯著正相關關係；企業所面臨的市場競爭程度越高，則企業越傾向於採取前瞻型戰略；當控制經營戰略變量對非財務指標採用程度產生影響後，市場競爭程度與非財務指標採用程度之間就不再具有顯著的關係。由此可見，僅僅在國有企業樣本中經營戰略對市場競爭程度與非財務指標採用程度的關係起到完全仲介的作用，即企業面臨的市場競爭程度的變化要求企業管理者重新制定經營戰略，然後根據新的經營戰略調整企業的業績評價指標體系。

表5.14 市場競爭程度、經營戰略與非財務指標採用程度的研究結果匯總

編號	研究假設內容	支持情況
假設一	企業所面臨的市場競爭程度越高，則越傾向於採取前瞻型戰略	支持
假設二	企業越傾向於採取前瞻型戰略，則非財務指標採用程度越高	支持
假設三	市場競爭程度與非財務指標採用程度正相關	支持（國有樣本）

6
業績指標多元化對企業業績的影響研究

本章將運用問卷調查數據實證檢驗業績指標選擇的經濟後果，即業績評價指標選擇對企業業績的影響。什麼才是一個好的業績評價系統呢？通常的做法就是考察業績評價系統的實施對企業業績的改善。實務中，企業主要運用兩種基本方法設計企業戰略業績評價系統，一種是加入非財務指標以補充傳統的財務指標；一種是將業績評價指標與企業經營戰略或者價值驅動因素匹配起來。在學術研究中，已有研究文獻形成兩大思想流派：一個流派不考慮戰略類型而強調業績評價指標的多元化（Diversity）；一個流派強調業績評價指標與經營戰略的匹配（Alignment）（Ittner、Larker 和 Randall，2003）。前者可以認為是業績評價的代理理論流派，後者是業績評價的權變理論流派，即兩者所運用的理論基礎分別是代理理論和權變理論。本書將在第 6 章與第 7 章分別從代理理論與權變理論的視角，實證檢驗業績指標選擇的經濟後果。

6.1 理論分析與研究假設

管理大師德魯克曾經說過：「如果你不能評價，你就無法管理。」企業業績評價是企業管理的基本前提。企業業績評價與激勵機制是同一個問題的兩個方面。沒有業績評價，激勵機制就失去基礎，而沒有激勵機制，業績評價就形同虛設。只有企業業績評價與激勵機制有機結合才能有效地實現企業的發展戰略（胡玉明，2009）。激勵機制的主要目標就是激勵員工按照委託人的目標，付出更大的努力並最終實現委託人的利益目標。代理理論認為，通過將代理人的薪酬與業績掛勾，就能夠激勵代理人付出更多的努力以提高自身的業績，進而獲得更多的報酬。

代理人主要關注激勵合約中對其業績進行評價的活動，也就是說，激勵合約中考核什麼，代理人就對其考核的內容付出努力，其他的工作就較少地去關注。所謂「評價什麼就得到什麼」，通常管理者有動機去關注有業績指標對其績效進行評價的活動，而往往忽視上級管理者不對其績效進行評價的活動。因此，激勵合約的激勵效力主要由合約中所使用的業績指標所決定，業績指標的選擇對於激勵合約提供正確的激勵具有決定性的作用。業績指標選擇的信息含量原則（Informativeness Principle）表明，只要能夠提供關於代理人行為增量信息的業績指標，都應當引入激勵合約中。由於沒有任何單一的業績指標能夠捕獲所有關於代理人行為的信息，因此信息含量原則預測只要引入包含多個業績指標的業績評價指標體系，激勵合約的激勵效力就能夠得到改善。業績評價指標的單一性可能導致管理者只關注能夠實現該業績指標的活動，甚至以犧牲其他與實現企業戰略相關但是沒有進行評價的活動為代價，出現「功能紊亂」（Dysfunction）行為，導致管理者的代理成本升高。例如，來自會計信息系統的財務業績指標，雖然其是客觀業績指標，但是由於會計信息系統的固有特點，其只能提供關於代理人行為的歷史可計量業績，並不能提供代理人行為的定性信息，比如合作與創新等。然而，主觀業績指標就能夠提供對激勵合約有用的定性信息，這個是財務業績指標無能為力的。分析式研究進一步證明使用主觀業績評價指標所帶來的收益。由於管理者活動的業績不能完全由客觀業績指標衡量，主觀業績指標與客觀業績指標形成互補，對客觀業績指標不能衡量的行為進行一個有效的補充，使得整個業績評價體系更加全面、公平，因此主觀業績指標有助於緩解客觀業績指標導致的行為扭曲現象。大量實證研究文獻已經證明，在不存在業績評價成本的情況下，包含非財務指標的激勵措施能夠改善管理者薪酬合約的有效性，因為僅

僅從財務指標的角度不能全面反應管理者為實現企業經營戰略所付出的努力（Datar et al., 2001; Feltham 和 Xie, 1994; Hemmer, 1996）。如果主客觀業績指標分別提供代理人行為不同方面的信息，那麼在激勵合約中引入主客觀業績指標將能夠激勵代理人付出更高水平的努力。

同時，業績指標多元化能夠通過解決目標一致性（Goal Congruence）問題來改善激勵合約的效力。Feltham 和 Xie（1994）認為多元化的業績指標使得代理人關注的業績面更加廣泛、綜合，不至於將精力只放在某一方面，只注重短期業績，而忽視了企業發展的長期價值。業績評價指標體系可以使得委託人根據企業發展目標和經營戰略合理設置各指標的權重，進而激勵代理人按照各業績指標的權重合理分配工作時間和精力，有利於實現委託人與代理人的目標趨於一致。這是解決委託代理問題的關鍵所在，也更有利於業績指標多元化解決代理人激勵問題。同時，Datar et al.（2001）也發現使用業績評價指標體系能夠讓委託人選擇激勵的權重，使得代理人的報酬與企業的產出變動在最大程度上趨於一致。總之，業績指標多元化可以通過兩條路徑改善激勵合約：一是激勵代理人付出更多的努力；二是通過影響代理人對工作時間與精力的分配，降低委託人與代理人之間的目標不一致性。

業績指標多元化能夠通過上述兩條路徑改善企業業績，討論的理論基礎是代理理論，其依賴的假設是一個誠實的委託人與一個不被信任的代理人訂立合約。如果委託人對業績評價有自由裁量權（Discretion），而且激勵合約是不完全的，誠實的委託人假設就變得非常重要。如果業績指標體系中引入了主觀業績指標，由於主觀業績指標並不存在統一的業績標準，其業績由上級主觀判斷確定，這樣就給上級提供了業績評價自由裁量權的空間。類似地，業績指標多元化可能使得業績指標體系由

業績結果相互衝突的指標組成。上級就有機會事後給每一個指標確定不同的權重，最後給出一個上級認為滿意的業績排名。當運用主觀業績指標評價下級業績時，如果上級能夠承諾誠實公平地對下級業績進行評價，那麼激勵合約本身是否完全就顯得不那麼重要了。然而，這樣的假設似乎與現實中的企業管理實踐不符。Prendergast 和 Topel（1993）指出業績評價的自由裁量權引起了大量的業績管理問題。業績評價的自由裁量權就會引起業績評價的偏差（Bias）問題。由於上級管理者並沒有剩餘索取權，因此他們有動機按照自己的偏好決定獎金的分配。已有研究表明，當把業績排名作為員工獎金發放和晉升決策的依據時，上級並沒有對下級做出嚴格的區分，導致業績排名出現扁平化現象。從心理學上講，上級有偏袒某個下級或者追求公平的心理傾向，就會激勵上級對下級的業績評價出現偏差。進一步講，如果企業內部形成了這種風氣之後，員工可能不是將時間和精力集中在任何提升業績上，而是將努力轉移到能夠直接影響評價者的評價結果上，比如賄賂上級、「拉關係」等。這種現象在中國的國有企業中表現得尤其突出，由於國有企業的所有權歸全民所有，儘管由各級國資委代理行使所有權，但是國資委本身作為各級政府的代理機構，其行使所有權的動機並不如私有企業所有者那麼強烈，其選派的管理人員也不具有剩餘索取權，因此他們有強烈的動機按照自己的利益偏好設置業績評價指標和權重。由於存在嚴重的內部人控制問題，上級管理者對下級的業績評價具有較大的自由裁量權，出於對關係戶的偏袒或者各部門利益的考慮，業績評價就會出現較大的偏差，較多地表現為業績排名的扁平化現象。

　　與業績評價偏差相關的成本分為直接成本與間接成本。直接成本主要表現為高於合約規定的下級真實業績所應得到的薪酬。間接成本主要表現為，由於業績排名存在偏差，基於業績

排名做出較為準確的人事決策就較為困難，而且業績偏差對下級的激勵也會產生影響（Moers，2005）。如果業績排名存在偏差，那麼所有員工的業績似乎都在平均水平上，上級就很難選擇正確的人去做正確的事，這就會降低企業管理決策的有效性。進一步地，如果下級意識到業績評價的偏差，業績排名對下級員工的激勵效力就會變差，進而在未來的工作中就不會那麼努力。我們知道，人事決策和激勵機制是企業業績的重要決定因素，業績評價偏差對企業產生的間接成本可能比直接成本高得多。這將會直接傳遞到企業最終的財務業績上。

已有大量的實證研究文獻結論支持業績指標多元化。Banker et al.（2000）運用18個旅館的時間序列數據研究發現，當薪酬合約中包含非財務指標時，管理者會付出努力去實現這些非財務指標所要求達到的業績，最終提升企業的業績。Hoque 和 James（2000）也發現企業業績與不同業績指標的使用（包括財務指標與非財務指標）存在正相關的關係。Van der Stede et al.（2006）研究發現，不管企業採取何種戰略，業績指標多元化與企業業績都呈正相關關係，尤其是那些包含客觀與主觀非財務指標的業績評價系統。這些結論都說明非財務指標中包含財務指標未反應的額外信息，能夠激勵員工付出更多的努力，降低員工機會主義行為所帶來的代理成本，最終提升企業的業績。

不管從理論分析角度還是從實證研究角度，都認識到改變傳統單一財務指標的業績評價系統，引入非財務指標，建立企業的業績評價體系，實現企業業績評價指標的多元化，能夠改善企業的業績。儘管如此，也有文獻已經發現業績評價多元化所存在的潛在缺陷。Ghosh 和 Lusch（2000）、Lipe 和 Salterio（2000）從心理學角度分析，指出業績指標多元化可能增加系統的複雜性，造成信息過載，讓員工難以理解，這樣就增加了管理者的認知負擔。同時，也增加了管理者在不同指標上分配權

重的負擔（Moers，2005）。業績指標的增多，可能導致短期內不同指標的目標存在衝突，比如生產效率與客戶回應速度，降低了代理人努力工作的動機（Baker，1992），還可能引起企業內部不同部門的摩擦（Lillis，2002），也可能使得代理人將時間和精力分散在過多的目標上，不能集中精力做好一件事情，最終可能什麼事情都沒有做好，無法實現企業的經營戰略。基於成本效益原則，相比簡單的業績評價系統，複雜的系統需要花費更高的管理成本。在實踐中代理理論的指導意義非常有限，實務工作者不可能將所有提供增量信息的業績考核指標加入業績考核量表（張川，等，2012）。萬壽義和趙淑惠（2009）基於管理心理學的角色理論研究業績評價多樣性的行為影響，發現業績評價多樣性對員工感受到的角色模糊水平具有正影響，角色模糊水平與個人業績負相關，個人業績與工作滿意度正相關，即業績評價多樣性會最終導致員工滿意度降低。上述關於業績指標多元化的負面影響都得到了經驗證據的支持，從這個層面上來說，過度的業績指標多元化不僅不能帶來企業績效的提升，反而推升了企業的代理成本，對企業業績有一個負的效應。

　　從以上的理論分析和已有研究的經驗證據來看，關於業績指標多元化是否能夠提高企業業績這一問題，儘管不同學者從不同的角度對該問題有較為深入的研究，也讓我們對該問題有更深層次的理解和認識，但是他們得到了不一致甚至相反的研究結論。一方面，根據經濟學中的代理理論觀點，依據業績指標選擇的信息含量原則，增加非財務指標，對管理者行為進行全方位業績評價，將有助於降低管理者的功能紊亂行為和代理成本。因此，改變傳統的單一財務業績評價指標體系，引入主觀和客觀非財務指標體系，將提高業績評價指標體系的多元化和綜合性，激勵和約束管理者的行為，進而實現企業經營戰略，改善企業業績。另一方面，業績指標多元化會增加業績評價系

統的複雜性，增加管理者的認知負擔，還會增加評價主體確定指標權重的難度，最終導致多元業績指標內部相互矛盾和部門之間的摩擦，對企業業績產生負向影響。

通過上述關於業績指標多元化與企業業績之間關係的理論推導和對相關經驗證據的回顧，我們知道業績指標多元化會給企業業績帶來正反兩方面的影響。那麼我們就可以看出簡單地認為兩者具有正向或者負向關係是不準確的，也不利於我們深入地認識兩者變化的規律，至少不利於我們對相互矛盾的實證檢驗結果做出科學合理的解釋。從現有的理論框架來講，研究者是從兩條獨立的邏輯思路來闡釋業績指標多元化與企業業績之間的關係的，這樣一來就人為地割裂開了兩條邏輯思路的聯繫，不利於我們從整體上把握、權衡兩者的關係。據此，我們就需要建立一個全新的、綜合的理論分析框架，既能囊括兩條邏輯思路，有利於解釋現有的研究結論，又能從整體上認識兩者關係的變化軌跡。

基於上述的思考，聯繫經濟學中的「邊際收益遞減規律」，本書大膽地提出理論假設：兩者之間是不是存在非線性關係呢？比如 U 形或者倒 U 形關係[1]。有了這個大膽的理論假設前提，接著將運用經濟學理論和數學模型對該理論假設進行推導，最終建立一個全新的關於業績指標多元化與企業業績關係的理論分析模型，並運用經驗數據對該理論模型進行實證檢驗。經濟學中最基本規律——邊際收益遞減規律，是指在短期生產過程中，在其他條件不變（如技術水平不變）的前提下，增加某種生產要素的投入，增加一單位該要素所帶來的效益增加量是遞減的。換句話說，隨著可變生產要素的不斷投入，雖然其產出

---

[1] 在 2011 年 12 月的開題報告中，關於業績指標多元化與企業業績之間關係，本書的假設是兩者存在正相關關係。經過與開題答辯老師的討論及其後續文獻的閱讀與思考，得到了深刻的啟示，並大膽提出非線性假設。

總量是遞增的，但是其增長速度不斷變緩，最終達到一個產出的峰值，即可變要素的邊際產量遞減。這裡的前提條件就是生產技術水平和其他生產要素保持不變。產生邊際收益遞減的原因是：隨著可變要素投入量的增加，可變要素投入量與固定要素投入量之間的比例在發生變化。在可變要素投入量增加的最初階段，相對於固定要素來說，可變要素投入過少。因此，隨著可變要素投入量的增加，其邊際產量遞增，當可變要素與固定要素的配合比例恰當時，邊際產量達到最大。如果再繼續增加可變要素投入量，由於其他要素的數量是固定的，可變要素就相對過剩，於是邊際產量就必然遞減。

運用邊際收益遞減規律解釋業績指標多元化與企業業績之間的關係，此處的業績指標多元化就相當於決定企業業績的一個關鍵管理因素。假設其他影響企業業績的因素保持不變，增加業績評價指標就相當於改變企業的業績評價體系，進而對企業員工的行為表現產生影響，並最終影響到企業的業績。在業績指標數量較少的情況下，增加業績指標，尤其是非財務指標，能夠提升組織的業績。但是當業績指標增加到一定程度時，隨著企業業績指標的增加，業績提升的效應就不那麼明顯。當企業業績到達峰值時，再增加業績指標的多元化，就會對企業業績產生負向作用。據此，我們可以判定業績指標多元化與企業業績呈倒 U 形關係，如圖 6.1 所示。

運用數學模型可以將該圖表示為：$p = f(d, x)$ 其中，p 表示企業業績；d 表示業績指標多元化；x 表示影響企業業績的其他因素。該式對 d 求一階導等於 0 時，即 $f'(d, x) = 0$，可求得 d^*，進而求得 p^*。在 d^* 左側區域，$f'(d, x) > 0$ 且 $f''(d, x) < 0$；在 d^* 右側區域，$f'(d, x) < 0$ 且 $f''(d, x) < 0$。

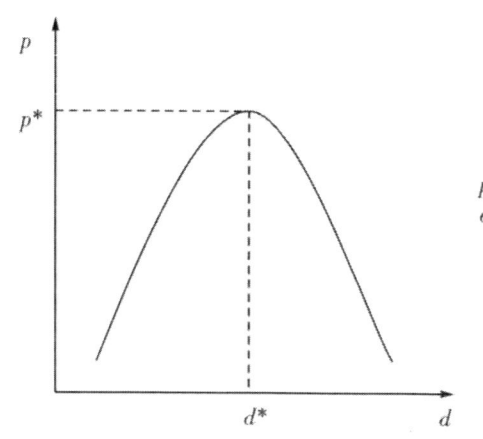

圖6.1　業績指標多元化與企業業績關係圖

　　由此可見，業績指標多元化與企業業績之間的關係存在一個先上升後下降的過程。兩者之間存在一個最優的點 d^*，此時的業績指標體系剛好能夠帶來最大的企業業績，即 d^* 為最優的業績指標數量。在 d^* 的左邊區域，業績指標多元化與企業業績存在正相關關係；在 d^* 的右邊區域，業績指標多元化與企業業績存在負相關關係。運用這張關係圖就可以解釋已有實證研究結論了。當實證研究結論表現為業績指標多元化與企業業績存在正相關關係時，說明該研究樣本企業的業績評價體系大多數還未達到最優業績指標數量，業績指標多元化產生的收益大於其帶來的成本；當實證研究結論表現為業績指標多元化與企業業績存在負相關關係時，說明該研究樣本企業的業績評價體系大多數已經超過了最優業績指標數量，即存在業績指標超載的現象，此時業績指標多元化帶來的成本大於其產生的收益。由於管理會計實證研究所需數據不能直接來源於公開數據庫，在學術研究過程中通常採用問卷調查數據或者實驗研究數據，考慮到成本效益原則，這就大大限制了管理會計研究樣本的採集範圍和數量，可能造成研究結論的不穩定。雖然在財務會計研究領域也出現過這種情況，但是管理會計研究的情境化特徵使

得這種情況出現的頻率更高。因此，本書提出的綜合化理論分析框架能夠更好地解釋現有實證研究的矛盾結論，同時也以一種新的理論視角理解業績指標多元化與企業業績之間的關係。在此基礎上，本書提出研究假設四：

H4：業績指標多元化程度與企業業績呈倒U形關係。

有些研究認為主觀非財務指標能夠彌補客觀指標的缺陷，能夠帶來業績的改善；有些研究認為主觀業績指標準確性較低、可靠性較差，更易受到評價主體認知偏差的干擾，同時也為評價客體向評價主體進行尋租活動留下空間，主觀業績指標導致業績的降低。具體到中國制度環境下，由於國有企業的特殊定位，相比非國有企業，國有企業業績評價指標包括較多的主觀業績指標。也就是說，主觀非財務指標的業績效應需要在特定性質的企業背景下考察，國有企業背景下主觀非財務指標與企業業績負相關，因為主觀業績指標越多預示著國有企業承擔了越多的社會職能，同時也給下級向上級尋租留下了空間，導致國有企業較低的業績；相反，非國有企業有明確的所有權主體，其對主觀業績指標的使用更多的是出於客觀業績指標的缺陷，需要主觀業績指標對客觀業績指標進行補充，而不是承擔更多的社會職能，所以非國有企業對主觀業績指標的使用將改善組織行為，提升企業業績。

國有企業樣本組，業績評價指標多元化程度與內部管理業績、市場業績正相關，與財務業績不存在顯著關係；非國有企業樣本組，業績評價指標多元化程度與內部管理業績、市場業績和財務業績都正相關。

6.2 研究設計

本章檢驗業績指標多元化對企業業績的影響，涉及企業業績和業績指標多元化變量。企業業績劃分為三種：財務業績、內部經營業績、客戶與市場業績，因此使用三個迴歸模型分別檢驗業績指標多元化對財務業績、內部經營業績、客戶與市場業績的影響。

6.2.1 模型設計

$$IOP/CMP/FP = \beta_0 + \beta_1 PMD + \sum \beta_i \text{control variables} + \varepsilon \tag{6.1}$$

$$IOP/CMP/FP = \beta_0 + \beta_1 PMD + \beta_2 PMD^2 + \sum \beta_i \text{control variables} + \varepsilon \tag{6.2}$$

上述模型的變量定義如表6.1所示：

表6.1　　　　　　　　變量定義表

變量名稱	變量簡寫①	變量定義
業績指標多元化	PMD	由一個比率指標表示，分子為被調查者對所有企業指標的打分之和，分母為所有業績指標數量乘以量表計分制的最大值
內部經營業績	IOP	由投入產出率、產品合格率、及時送貨率和員工滿意度四個指標組成

---

① 業績指標多元化（Performance Measures Diversity）、財務業績（Financial Performance）、內部經營業績（Internal Operating Performance）、客戶與市場業績（Customer And Market Performance）。

表 6.1(續)

變量名稱	變量簡寫	變量定義
客戶與市場業績	CMP	由產品或服務質量、新產品或服務上市數量、客戶滿意度和市場佔有率四個指標組成
財務業績	FP	由營業利潤增長率、銷售利潤率、總資產收益率和淨資產收益率四個指標組成
組織規模	SIZE	企業員工人數的自然對數
行業類型	IND	當被調查企業為製造業企業，則 IND = 1；否則 IND = 0
成立年限	AGE	企業成立年限的自然對數
上市背景	LIST	當被調查企業是上市公司，則 LIST = 1；否則 LIST = 0

6.2.2 變量測量

上述實證模型涉及的主要變量是企業業績與業績指標多元化，其中企業業績劃分為內部經營業績、客戶與市場業績、財務業績。本節將分別描述這兩個變量的測量方式。

（1）企業業績

在組織管理研究中，通常採用企業業績度量 MCS 的有效性，不同 MCS 的有效性標準應該採用不同層次的業績。本書參考文東華等（2009）對企業績效的衡量方法，區分出性質不同但相互聯繫的 3 種企業業績：內部經營業績、客戶與市場業績、財務業績。根據平衡計分卡理論，分別對內部經營業績、客戶與市場業績和財務業績三個方面各設置四個指標，以度量企業三個不同方面的業績水平。內部經營業績主要採用投入產出率、產品合格率、及時送貨率和員工滿意度四個指標表徵，客戶與市場業績由產品或服務質量、新產品或服務上市數量、客戶滿意度和市場佔有率四個指標組成，財務業績採用營業利潤增長

率、銷售利潤率、總資產收益率和淨資產收益率四個指標計量。使用問卷調查方法度量企業績效得到的是企業績效的「軟數據」，不如上市公司公開披露的「硬數據」那麼準確，這也受到了會計學術界的詬病，尤其是從事資本市場會計研究的學者。但是，資本市場會計研究也有自身的局限性，主要表現在這個領域的研究對象都是上市公司，而且只能研究上市公司公開披露的信息。然而，會計學術研究所關注的對象絕非只有上市公司，也絕非只限制在上市公司公開披露的信息中。大量的非上市公司和企業內部管理問題也是需要會計理論研究的。要對這些公司的內部管理問題進行大樣本研究，就需要借助問卷調查方法，盡量從問卷設計、調查對象的選擇、問卷的發放和回收等過程做到專業化、科學化，降低變量的衡量誤差，盡可能逼近對真實世界規律的認識。同樣的道理，利用問卷調查方法衡量企業績效，為了降低企業績效的衡量誤差，通常要求被調查者將自己所在企業與行業平均水平進行比較，然後得到該企業近三年平均業績處於行業平均水平的位置並進行相應的打分。本書的調查問卷將答案分為 6 個等級，1 表示遠低於行業平均水平，6 表示遠高於行業平均水平，1~6 程度依次遞增。要求被調查者在 1~6 之間選擇一個該企業相對行業平均水平的位置。這樣的評分方式在一定程度上抵消掉了一部分被調查者的業績高估偏差。

(2) 業績指標多元化

本書所用調查問卷設置 34 個業績指標，劃分為三類：財務業績指標 14 個、客觀非財務指標 12 個和主觀非財務指標 8 個。為了能夠將業績指標的數量和權重都反應在業績指標多元化變量中，本書採用一個比率指標度量業績指標多元化水平。該比率的分子是被調查者對每個業績指標的打分之和，分母等於所有業績指標數量乘以量表計分制的最大值，即 34×6 = 204，因此

該比率指標的取值位於 0~1。

6.3 實證結果及分析

本章的實證分析主要涉及兩個變量：企業業績和業績指標多元化，其中企業業績是潛變量，需要使用因子分析方法；業績指標多元化是顯變量，直接計算該變量取值。

6.3.1 因子分析結果

本書將企業業績劃分為三種不同層次的業績：內部經營業績、客戶與市場業績、財務業績。每種業績下面設置四個指標，這四個指標都是對同一類業績的刻畫。因此，使用驗證性因子分析檢驗調查問卷設計的理論一致性。

（1）內部經營業績

內部經營業績的因子分析適合性檢驗結果顯示（見表6.2）：取樣足夠度的 KMO 值為 0.792（>0.7），Bartlett 球形檢驗的近似卡方值的顯著性概率為 0.000（<0.001），表明樣本數據適宜進行因子分析。

表 6.2　內部經營業績的 KMO 測量和 Bartlett 球形檢驗結果

取樣足夠度的 KMO 值	0.792
Bartlett 球形檢驗的近似卡方值	145.694
自由度	6
顯著性概率	0.000

內部經營業績的驗證性因子分析結果顯示（見表6.3）：內部經營業績所包含的題項 F2、F1、F3、F4 的載荷系數都大於

0.5（最小值為0.765，最大值為0.844），因此使用F2、F1、F3和F4四個題項測量內部經營業績。這四個題項的內部一致性系數，即Cronbach α系數為0.810（>0.7），表明這四個題項測量的內部經營業績變量具有較高的信度。內部經營業績變量的取值等於F2、F1、F3和F4四個題項得分的算術平均值。

表6.3　　　內部經營業績的驗證性因子分析結果

題項	因子載荷系數
F2：產品合格率	0.844
F1：投入產出率	0.800
F3：及時送貨率	0.789
F4：員工滿意度	0.765

（2）客戶與市場業績

客戶與市場業績的因子分析適合性檢驗結果顯示（見表6.4）：取樣足夠度的KMO值為0.764（>0.7），Bartlett球形檢驗的近似卡方值的顯著性概率為0.000（<0.001），表明樣本數據適宜進行因子分析。

表6.4　客戶與市場業績的KMO測量和Bartlett球形檢驗結果

取樣足夠度的KMO值	0.764
Bartlett球形檢驗的近似卡方值	150.839
自由度	6
顯著性概率	0.000

客戶與市場業績的驗證性因子分析結果顯示（見表6.5）：內部經營業績所包含的題項F7、F5、F6、F8的載荷系數都大於0.5（最小值為0.703，最大值為0.836），因此使用F7、F5、F6和F8四個題項測量客戶與市場業績。這四個題項的內部一致性系數，即Cronbach α系數為0.764（>0.7），表明這四個題項測

量的客戶與市場業績變量具有較高的信度。客戶與市場業績變量的取值等於 F7、F5、F6 和 F8 四個題項得分的算術平均值。

表 6.5　客戶與市場業績的驗證性因子分析結果

題 項	因子載荷系數
F7：客戶滿意度	0.836
F5：產品或服務質量	0.827
F6：新產品或服務上市數量	0.724
F8：市場佔有率	0.703

（3）財務業績

財務業績的因子分析適合性檢驗結果顯示（見表 6.6）：取樣足夠度的 KMO 值為 0.785（>0.7），Bartlett 球形檢驗的近似卡方值的顯著性概率為 0.000（<0.001），表明樣本數據適宜進行因子分析。

表 6.6　財務業績的 KMO 測量和 Bartlett 球形檢驗結果

取樣足夠度的 KMO 值	0.785
Bartlett 球形檢驗的近似卡方值	477.333
自由度	6
顯著性概率	0.000

財務業績的驗證性因子分析結果顯示（見表 6.7）：財務業績所包含的題項 F11、F12、F10、F9 的載荷系數都大於 0.5（最小值為 0.851，最大值為 0.950），因此使用 F11、F12、F10 和 F9 四個題項測量財務業績。這四個題項的內部一致性系數，即 Cronbach α 系數為 0.938（>0.7），表明這四個題項測量的財務業績變量具有較高的信度。財務業績變量的取值等於 F11、F12、F10 和 F9 四個題項得分的算術平均值。

表 6.7　　　　　　　財務業績的驗證性因子分析結果

題項	因子載荷系數
F11：總資產收益率	0.950
F12：淨資產收益率	0.941
F10：銷售利潤率	0.928
F9：營業利潤增長率	0.851

6.3.2　描述性統計

本章實證分析涉及的主要變量是 IOP、CMP、FP 和 PMD，在第四章已經對控制變量 SIZE、IND、AGE 和 LIST 進行過詳細描述，此處主要對 IOP、CMP、FP 和 PMD 四個變量進行描述性統計，如表 6.8 所示。

表 6.8　　　　　　　變量描述性統計表

變量	樣本數	均值	標準差	最小值	最大值
IOP	115	4.235	0.755	2.000	6.000
CMP	115	4.165	0.784	2.000	6.000
FP	115	4.026	0.989	1.000	6.000
PMD	115	0.615	0.181	0.088	0.946

從表 6.8 的描述性統計結果可以看出，IOP 的均值為 4.235，最小值為 2，最大值為 6，表明被調查企業的內部經營業績稍高於 3.5 的均值水平，分佈範圍較廣。同理，被調查企業的客戶與市場業績、財務業績也表現出這一特徵。PMD 的均值達到 0.615，高出 0.5 的均值水平，說明被調查企業的業績指標多元化程度較高。PMD 的最小值為 0.088，接近於 0，最大值為 0.946，接近於 1，說明被調查企業的業績指標採用程度分佈較為廣泛，具有較強的代表性。

6.3.3 迴歸分析結果

表 6.9 是模型 6.1 的迴歸分析結果，用於檢驗業績指標多元化的業績後果。根據平衡計分卡的基本思想，將企業業績劃分為三個層次：內部經營業績、客戶與市場業績、財務業績，分別檢驗業績指標多元化對三個層次業績的影響。

從表 6.9 的迴歸分析結果中可以看出，PMD 對 IOP、CMP 和 FP 都具有顯著正的影響，並且都在 1% 的水平上顯著，說明業績指標多元化對企業的內部經營業績具有正向促進作用，即業績指標多元化程度越高，則企業內部經營業績越高；業績指標多元化對企業的客戶與市場業績具有正向促進作用，即業績指標多元化程度越高，則企業的客戶與市場業績越高；業績指標多元化對企業的財務業績具有正向促進作用，即業績指標多元化程度越高，則企業的財務業績越高。

表 6.9 業績指標多元化與企業業績的迴歸分析結果

變量	IOP	CMP	FP
常數項	2.900*** (9.475)	2.824*** (8.947)	3.346*** (7.861)
PMD	1.783*** (4.824)	1.785*** (4.683)	1.658*** (3.225)
SIZE	0.024 (0.546)	0.007 (0.162)	−0.076 (−1.230)
IND	0.090 (0.618)	0.139 (0.930)	−0.159 (−0.787)
AGE	0.028 (0.348)	0.038 (0.461)	0.024 (0.222)
LIST	−0.013 (−0.090)	0.121 (0.794)	0.200 (0.970)
Adj-R^2	0.177	0.190	0.069
F 值	5.870***	6.313***	2.674**

註：* 表示 $P<0.1$，** 表示 $P<0.05$，*** 表示 $P<0.01$，下同。

表 6.10 是模型 6.2 的迴歸分析結果，用於檢驗 PMD 的二次項與企業業績的關係。從該表可以看出，PMD 的二次項分別與 IOP、CMP 和 FP 都呈顯著正相關關係，但是 PMD 一次項的迴歸係數都不顯著，說明 PMD 與企業業績並不存在 U 形或倒 U 形關係。而表 6.9 的迴歸分析結果表明，PMD 與企業業績呈現顯著正相關的關係，結合表 6.9 和表 6.10，我們可以判斷本書的大部分研究樣本企業使用的業績評價指標並未達到最優的採用程度，提高企業業績評價指標的採用程度能夠有效改善企業的業績。雖然本書所用的研究樣本企業並未支持研究假設四，但是並不影響研究假設中全新理論模型的解釋力。由於管理會計實證研究的數據獲取方式對樣本數量具有重大的約束作用，可能導致研究結果出現不穩定的現象，加之管理會計實踐本身的情境化特徵，難免會出現樣本企業的表現集中在理論模型的某一段。這就需要進一步的實證研究對該研究假設進行更加細緻的檢驗。

表 6.10　業績指標多元化的二次項與企業業績的迴歸分析結果

變量	IOP	CMP	FP
常數項	3.621*** (7.726)	3.459*** (7.119)	4.432*** (6.787)
PMD	−1.479 (−0.887)	−1.076 (−0.623)	−3.159 (−1.360)
PMD * PMD	2.945** (2.004)	2.581* (1.694)	4.334** (2.117)
SIZE	0.027 (0.615)	0.009 (0.201)	−0.077 (−1.257)
IND	0.105 (0.739)	0.152 (1.027)	−0.143 (−0.720)
AGE	0.054 (0.684)	0.062 (0.766)	0.075 (0.684)

表6.10(續)

變量	IOP	CMP	FP
LIST	−0.036 (−0.249)	0.099 (0.655)	0.147 (0.727)
Adj-R^2	0.200	0.204	0.096
F值	5.763***	5.882***	3.014***

6.4 分類檢驗

本節進一步將研究樣本按照所有制性質劃分為國有企業樣本和民營企業樣本，調查問卷中關於被調查企業的所有制類型設置四個選項：國有獨資或國有控股企業、民營企業、中外合資企業和外資企業。由於中外合資企業與外資企業的經營目標和模型比較接近民營企業，因此本書將民營企業、中外合資企業和外資企業劃分為民營企業一類，將國有獨資或國有控股企業劃分為國有企業一類。經統計，國有企業樣本有68個，民營企業樣本有47個，分別在國有樣本和民營樣本中檢驗業績指標多元化與企業業績之間的關係，實證檢驗結果如表6.11所示。從該表結果可以看出，不管是國有樣本還是民營樣本，業績指標多元化與內部經營業績、客戶與市場業績、財務業績都呈顯著正相關關係，說明在中國的國有與民營企業中增加業績指標多元化程度都能夠改善企業的業績。值得注意的是，當被解釋變量是財務業績的時候，國有企業樣本中業績指標多元化對財務業績的迴歸係數是0.997，民營企業樣本中業績指標多元化對財務業績的迴歸係數是2.714，後者明顯大於前者，說明在業績指標多元化對財務業績的提升方面民營企業的效果顯著大於國

有企業的效果。分析其中的原因，可能是由於國有企業承擔一部分政府職能，主觀非財務指標的過多採用也暗示國有企業承擔過多的社會職能，在一定程度上就會削弱業績指標多元化對企業財務業績的正面提升作用。相對來說，民營企業採用主觀非財務指標更多地與生產經營相關，所以業績指標多元化對民營企業的財務業績會有更多的改善作用。

表6.11　業績指標多元化與企業業績關係的分樣本檢驗結果

變量	IOP 國有樣本	IOP 民營樣本	CMP 國有樣本	CMP 民營樣本	FP 國有樣本	FP 民營樣本
常數項	2.227*** (5.13)	3.251*** (7.34)	2.603*** (5.45)	2.734*** (6.19)	3.376*** (6.61)	2.521*** (3.36)
PMD	1.777*** (3.63)	1.649*** (3.03)	1.620*** (3.01)	1.979*** (3.64)	0.997* (1.73)	2.714*** (2.94)
控制變量	已控制	已控制	已控制	已控制	已控制	已控制
樣本量	68	47	68	47	68	47
Adj-R^2	0.224	0.136	0.161	0.210	0.125	0.109
F值	4.87***	2.44**	3.57***	3.44***	2.91**	2.12*

6.5　本章小結

本章基於代理理論實證檢驗業績指標選擇的業績後果，研究發現業績指標多元化能夠有效地提高企業內部經營業績、客戶與市場業績、財務業績。傳統單一的業績指標容易導致企業內部代理人的短期行為，不利於企業價值最大化的實現。所謂「評價什麼就得到什麼」，通常代理人有動機去關注有業績指標對其績效進行評價的活動，而往往忽視委託人不對其績效進行

評價的活動。根據這個思想，代理理論認為要想有效地降低代理人的代理成本，可以通過擴大代理人的績效考核範圍，即業績評價指標體系來實現。業績指標體系基本上包括兩種類型的業績指標：財務指標和非財務指標，非財務指標又可以進一步劃分為客觀非財務指標和主觀非財務指標。非財務指標是財務指標的前導指標，主觀非財務指標是對客觀非財務指標的有效補充。按照平衡計分卡的思想，企業業績分為三個層次：內部經營業績、客戶與市場業績、財務業績，這三個層次的業績具有嚴密的內在邏輯關係，良好的內部經營業績是形成客戶與市場業績的基礎，只有企業的產品或服務在市場上被顧客認可，企業才可能擁有好的財務業績表現。通常來講，財務業績的表現比較容易計量，設置相應的財務指標就可以有效地考核企業的財務業績，如 EVA、淨資產收益率、淨利潤等。客戶與市場業績的表現也比較容易計量，一般使用客觀非財務指標就可以實現對客戶與市場業績的考察，如客戶滿意度、顧客投訴率、市場佔有率等。但是，企業內部經營業績的考核相對來說就比較困難了，主要是因為企業內部的職能部門具有不同的功能，難以採用統一的業績指標進行準確的考核，尤其是費用中心的產出難以準確計量，因此僅僅是使用客觀非財務指標難免產生較大的評價偏差，造成代理人的行為扭曲。這時，就可以運用主觀非財務指標對客觀非財務指標形成有效的補充，以糾正客觀非財務指標的評價偏差。

　　我們知道，業績評價最為重要的兩個方面：一是業績指標的選擇；二是業績指標權重的設置。前者是業績指標體系量的問題，後者是業績指標體系質的問題，兩者共同構成業績指標體系。只有業績指標量與質的合理匹配，才能有效地降低代理人的代理成本，提高企業的業績。基於此，為了能夠有效地度量業績指標多元化程度，調查問卷要求被調查者一方面選出該

企業使用的業績指標，另外一方面判斷該企業對這些指標的重視程度，如果未使用某指標，則選擇0。本書運用這些問卷數據，設置一個比率指標，分子就是每一業績指標的打分之和，分母等於所有指標的數量乘以量表計分制的最大值。用這一比率指標表示的業績指標多元化程度，能夠從業績指標的量和質兩個方面體現被調查企業的業績指標使用情況。最後，運用業績指標多元化變量分別對內部經營業績、客戶與市場業績、財務業績進行迴歸分析，研究發現業績指標多元化變量與三個業績變量都呈顯著正相關關係，說明業績指標多元化確實能夠有效地降低代理人的代理成本，並且改善企業不同層次的業績。進一步地，本書將研究樣本劃分為國有樣本和民營樣本，並再次對上述模型進行迴歸分析，研究結果表明業績指標多元化對民營企業財務業績的改善程度要高於對國有企業財務業績的改善程度。

7

經營戰略、業績評價與企業業績

本章基於權變理論視角，運用調查問卷數據檢驗業績評價指標選擇的經濟後果。第 6 章從代理理論視角研究業績指標多元化對企業業績的影響，而且我們從第 5 章的研究結論知道影響企業業績指標選擇的因素有市場競爭程度和經營戰略等權變變量，其中經營戰略作為企業業績指標選擇的關鍵權變變量，業績指標選擇的業績後果是否會受到企業經營戰略的調節作用呢？本章將對該問題進行實證檢驗。

7.1 理論分析與研究假設

管理會計研究的一個基本目標就是確定管理會計方法或技術在哪種實踐環境下能夠起作用，為企業創造經濟價值。權變理論認為沒有任何一種管理技術或者方法能夠適用於所用管理情境，這正符合管理會計的研究目標。權變理論誕生於 20 世紀 60 年代，隨後大量的研究者通過案例研究概括了企業管理控制系統設計所應該考慮的內外部環境，並詳細闡述了內外部環境與企業管理控制系統設計之間的關係。20 世紀 70 至 80 年代，Hayes（1977）和 Otley（1980）以權變理論為基礎，探討了組織環境、管理會計控制系統與組織績效之間的關係，構建了管理會計的權變理論分析框架。20 世紀 80 至 90 年代，管理會計研究者運用權變理論研究新環境下管理會計控制技術與方法的有效性問題，比如 JIT、TQM、FMS 等製造環境背景下的管理會計應用問題。權變理論將企業的內外部組織環境視為組織結構的決定因素，管理會計系統作為企業組織結構的重要組成部分，自然也受到這些內外部環境的影響，即當企業外部環境的不確定性程度發生變化時，或者如生產技術、經營戰略、組織規模、

組織文化等內部環境發生變化時，企業的組織結構也要發生相應的變化，管理會計控制系統作為企業戰略的實施系統也要發生相應的變化。

在這些內外部環境因素中，戰略作為重要的權變變量，戰略與管理控制系統之間的關係受到研究者的廣泛關注。為何戰略與管理控制系統之間的關係受到這麼多學者的關注呢？這就源於哈佛大學安東尼教授將系統論引入管理控制並將管理控制系統作為一門學科加以建設。安東尼教授將企業控制區分為戰略計劃、管理控制與營運控制三個界限分明的層次，認為戰略計劃是制定新戰略的過程，管理控制是確保資源有效配置和使用以實現組織目標的過程，營運控制是保證特別任務有效完成的過程。戰略計劃關注企業長期發展方向問題，營運控制關注企業短期工序運行問題，管理控制介於兩者之間。管理控制位於組織的中層，連接高層的戰略計劃和基層的營運作業控制。管理控制系統的目的就是通過影響組織內其他成員保證戰略的實施以實現組織的目標，即戰略計劃是一個制定戰略的過程，管理控制是一個實施戰略的過程。早期的研究認為，戰略計劃與管理控制是兩個相對獨立的系統，管理控制系統是在戰略計劃制訂好之後來實施戰略目標的。隨著管理控制理論研究的深入，學術界關於戰略與管理控制系統關係的認識發生了變化，逐漸開始認識到兩者存在緊密的聯繫。研究者引入權變理論，並運用問卷數據實證檢驗兩者之間的關係。一種觀點認為，管理控制必須符合公司戰略。這就意味著公司首先需要通過一個正式的、合理的程序制定自己的戰略，然後依據已制定的戰略設計管理控制系統。另一種觀點認為，管理控制系統也影響著公司戰略的制定與開發。如果公司所處行業的外部環境較為穩定、可預測，則可以首先運用正式的、合理的程序制定戰略，然後根據公司戰略設計管理控制系統以實施戰略。但是，在一

個不確定性程度較高的競爭環境中，公司就很難及時地根據外部環境的變化調整企業的發展戰略，進而設計管理控制系統，執行所制定的戰略。或許，在這種背景下，公司戰略是在實驗中通過非計劃的過程逐漸形成的，這一過程就很容易受到公司已有管理控制系統的影響。從這個角度來理解，戰略與管理控制系統是相互影響、共同演化的，兩者之間的關係受到企業所處產業環境的影響。管理控制的基本職能是確保選定戰略的執行，這是管理控制系統的診斷控制（diagnostic control）功能。但是，在環境變化莫測的行業中，管理控制信息，尤其是非財務信息，可以作為制定新戰略的基礎，這就是管理控制系統的交互控制（Interactive Control）功能。交互控制提醒管理者注意那些表明需要制定新戰略的發展變化（如：市場份額、客戶滿意度等），是管理控制系統不可分割的組成部分。

　　管理控制系統是執行企業戰略的工具。不同的企業，制定的戰略不一樣；同一個企業集團，在不同產業發展的不同經營單元其制定的戰略也不一樣。戰略不同，則實現企業戰略的關鍵成功因素不同，要求不同的任務順序、不同的技能和行為。因此，管理者應該持續關注管理控制系統所激發的行為是否符合戰略執行的需要。權變理論研究認為，組織環境、戰略與管理控制系統之間的相互匹配能夠給組織帶來高收益。企業戰略要根據組織環境來制定，管理控制系統的設計要滿足已選定戰略的信息搜集與處理的需要，從這個意義上來講戰略可視為組織環境對管理控制系統設計產生影響的仲介變量。雖然已有的管理控制系統方面的實證研究將競爭環境、技術、戰略、規模、文化等作為影響管理控制系統設計的權變因素，但是戰略並不同於其他權變變量，或者說它並不屬於組織環境的一部分，而是管理者用以影響外部環境、生產技術、組織結構、控制文化和管理控制系統的一個方式或手段（Chenhall，2003）。權變理

論預測，不管企業選擇何種戰略，總有一種類型的戰略比其他戰略更適合特定的戰略選擇。已有的大多數研究都是探討戰略類型與管理控制系統類型之間的關係的。不同的學者對戰略有不同的劃分方法，比如創業型-保守型戰略（Miller和Friesen，1982）、前瞻型—分析型—防守型戰略（Miles和Snow，1978）、建立—維持—收穫戰略（Gupta和Govindarajan，1984）與產品差異化—成本領先戰略（Porter，1980）。採用保守型、防守型、收穫、成本領先戰略的企業傾向於採用機械式的控制系統，集權式的組織結構，強調工作程序的正式與專業化，注重嚴格的預算管理與成本控制；採用創業型、前瞻型、建立、產品差異化戰略的企業傾向於採取有機式的控制系統，往往沒有標準化的工作程序，而是建立分權式的、富有彈性的組織結構，適合主觀的、長期的控制類型。相對於防守型戰略來說，採取前瞻型戰略的企業更加注重交互式控制，強調上下級之間的對話、溝通與學習。隨著經驗研究的不斷深化，學術界認為戰略並不是一個二分變量，非此即彼的分類。處於兩端的戰略代表兩種極端的戰略類型，戰略是一個以兩個極端戰略為端點的連續集，分析型或者維持戰略就位於這個連續集的中點。在管理實踐中，企業通常不會採用兩個極端戰略，只是說某企業的戰略更偏向於哪一端，偏離中點的程度大小而已。我們知道管理控制系統具有控制與探索功能，採用防守型戰略的企業更加強調控制功能，採用前瞻型戰略的企業更加強調探索功能。儘管控制與探索功能的目標有明顯差別（前者追求效率與可靠性，後者追求創新和靈活性），但是控制與探索功能並非不可共存，尤其是在複雜多變的環境中，控制和探索相互協同、相互促進彼此的有效性（文東華，等，2009）。因此，實踐中企業在選擇管理控制工具時，機械式與有機式的控制工具都會使用，只是兩者在使用數量和程度上存在一個多少、強弱的問題，管理控制系統作

为一个整体就能体现出机械或有机的控制特征。

根据控制理论的基本原理,一个控制系统至少应该包括目标设置、结果反馈、差异衡量、差异纠正四个环节(池国华,2004)。具体到管理控制系统来说,一个完整的管理控制系统应该由预算、信息与沟通、业绩评价和激励四个子系统构成(池国华,2004)。这四个子系统正好对应于控制系统理论的四个环节:预算子系统通过分解、细化企业的战略目标实现目标设置功能;信息与沟通子系统通过向上级管理者传达下级员工的行为或业绩以实现结果反馈职能;业绩评价子系统通过财务指标与非财务指标所组成的业绩评价指标体系衡量其与预算目标的差异,实现差异衡量功能;激励子系统基于业绩评价系统的评价结果,根据既定的合约对员工行为进行激励与约束,实现差异纠正功能。作为现代企业管理控制系统的重要环节,业绩评价系统在引导企业战略目标的方向与控制战略的实施方面起到举足轻重的作用。业绩评价系统在整个管理控制系统中起到承上启下的作用。预算子系统是对企业战略计划的细化与分解,为业绩指标的选择提供了方向和评价的标准。业绩评价系统的评价结果为激励子系统的实施提供了依据,业绩评价与激励机制的结合能有效地实现企业的经营战略,激励机制与业绩评价必须统一于企业的战略(胡玉明,2011)。业绩评价系统包括业绩评价目标、业绩评价指标、业绩评价标准和业绩评价方法等。其中,业绩评价指标的选择是组织面临的最关键挑战之一(Ittner 和 Larcker,1998)。胡玉明(2011)也指出基于管理会计视角,绩效评价指标的选择是绩效评价的最关键问题。业绩指标选择是业绩评价系统设计的关键过程,是公司战略的具体落实,而且是将公司关键成功因素分解为具体责任目标并下达给战略计划执行者的过程。业绩评价指标选择正确与否直接关系到经营战略的执行结果。因此,业绩评价指标与经营战略的

匹配程度對企業戰略的實現程度將會產生重要的影響。

決定業績指標信息含量的一個重要因素是公司的經營戰略。已有研究認為薪酬合約中業績指標的選擇與公司戰略應該緊密相連，以確保對管理者的激勵與公司的目標達成一致（Govindarajan 和 Gupta，1985）。基於權變理論的業績評價研究認為管理控制系統的最優設計依賴於組織的特徵，尤其是企業的經營戰略。已有研究關於企業戰略與業績評價之間的關係及其業績後果的檢驗，主要從兩個角度去進行研究設計。兩個角度的研究設計差別主要體現在對企業戰略的衡量方式上：一組文獻通過對企業戰略特徵的描述來衡量公司戰略（如：前瞻型與防守型、差異化與成本領先、建立與收穫等）；另外一組文獻通過識別或測量公司的具體戰略作為對戰略的測量（如：質量戰略、JIT 或彈性生產等）。Govindarajan 和 Gupta（1985）發現採取建立型戰略（提高銷售與市場份額）的企業比採取收穫型戰略（最大化短期利潤）的企業更加重視非財務指標、如研發、市場份額、新產品開發、顧客滿意度等。類似地，Simons（1987）研究發現採取防守型戰略的企業更多地依賴財務預算目標決定管理者獎金。Ittner et al.（1997）發現採取前瞻型戰略的企業比採取防守型戰略的企業將更大的權重放在非財務指標上。儘管這些研究發現業績指標選擇與經營戰略類型的相關關係，但是這些文獻很少考察這種選擇的業績後果，也就無法判斷某種經營戰略下業績指標選擇的有效性。Ittner 和 Larcker（1995）、Chenhall（2003）也認為現有的研究缺乏考察經營戰略—業績評價—企業業績三者關係的經驗證據。在這種情況下，就很難判斷業績評價系統的有效性，從而就不能找出兩者適配關係的一般規律。以權變理論為基礎的研究主要關注不同經營戰略下 MCS 的有效性。不同戰略環境下，MCS 的有效性是不一樣的。MCS 與戰略環境匹配度越高，則 MCS 越有效。MCS 的有效性通

常採用員工滿意度和企業績效進行衡量。尤其是隨著行為科學的發展，越來越多的研究開始關注一項新的 MCS 的引入對員工行為的影響，並運用員工滿意度衡量 MCS 的有效性。正如 Otley（1980）所指出的那樣，只有考慮了企業業績才能完整地體現真正的權變理論。正是在這種思想的指導下，20 世紀末開始，國際主流雜誌上發表的管理會計論文都很重視對管理會計控制系統的業績效應進行檢驗。這也在很大程度上將權變理論在管理會計研究中的應用推向了一個新的高度。Chong 和 Chong（1997）、Bouwens 和 Abernethy（2000）發現在採取前瞻型或差異化戰略的企業中擴大業績評價系統的範圍能夠取得更好的業績。Ittner et al.（2003a）運用金融服務公司的數據樣本檢驗戰略業績評價系統的業績效應，發現業績評價指標的多元化與評價系統滿意度、股市收益率正相關，樣本數據並不支持業績評價的適配假設：業績評價系統與公司戰略或價值驅動因素匹配度與公司業績正相關。Said et al.（2003）實證檢驗薪酬合約中的非財務指標對當前與未來業績的影響，發現採用非財務指標能夠改善公司當前與未來的股票市場業績，對改善公司的會計業績只有部分支持，並且作者指出非財務業績指標的使用與公司業績的關係受到公司的經營與競爭特徵的影響。公司戰略的相關文獻研究表明，競爭戰略可以定義為兩種不同戰略導向的連續集（Miles 和 Snow，1978；Porter，1980）。在連續集的一端，公司具有前瞻型的特徵或者公司採用差異化競爭戰略。這些企業不斷地尋找產品或服務的市場機會，能夠快速地適應外部環境的變化，並遵循「市場第一」的原則。在連續集的另外一端，公司具有防守型的特徵或者採取成本領先戰略。這些企業努力地維持當前的產品或服務的市場份額，為了能夠維持這個市場份額，他們通常採取各種措施改善企業的經營效率以降低產品或服務成本。

另外一組文獻研究企業的具體生產戰略或價值驅動因素、業績指標的選擇與公司業績的關係。這些研究發現三者之間存在系統化的關係。如果企業強調適時制生產、產品質量或彈性生產時，企業會更強調非財務指標的採用。但是，上述兩者關係的業績效應並沒有得到一致的檢驗結論。一些研究發現兩者的匹配關係具有正向的業績效應，如 Abernethy 和 Lillis（1995）；一些研究發現這種關係隨著業績評價的特徵以及其他生產技術的實施而呈現不一樣的結果，如 Ittner 和 Larcker（1995）、Sim 和 Killough（1998）；一些研究並沒有發現顯著的關係，如 Pererra et al.（1997）。Van der Stede et al.（2006）實證檢驗質量生產戰略與不同類型業績指標的使用之間的關係，研究證據部分支持戰略與業績評價的匹配對公司業績的影響，發現強調質量生產戰略的企業更多地採用客觀與主觀非財務指標，但是只有質量生產戰略與主觀非財務指標的匹配能夠正向影響公司業績，而沒有支持客觀非財務指標與質量戰略的匹配對公司業績的正向影響。

由於企業戰略是一個內涵豐富的概念，包括研發戰略、生產戰略、營銷戰略等，因此僅僅從生產戰略的角度對企業戰略進行度量存在一定的缺陷，並不能較為準確地反應企業經營戰略的特徵，也不能體現經營戰略與企業環境之間的關係。經營戰略不同於其他權變變量，是企業組織與外部環境相互作用的結果，也是影響其他變量的一種方式。企業經營戰略的選擇是適應企業外部環境的一種方式，合理匹配的「環境—戰略」關係將是業務單元目標實現的有力保證。戰略模式反應業務單元處理業務與環境關係的基本導向，因此本書選擇經營戰略模式作為對企業經營戰略的衡量。關於經營戰略模式的分類，一般將 Miles 和 Snow（1978）的分類方法作為最基本的分類，即前瞻型戰略與防守型戰略。而且本書的分析層次定位為業務單元，

Hoque（2004）指出 Miles 和 Snow（1978）的戰略分類模式是適合業務單元分析層次的。不同的業務單元由於其面臨的經營環境不同，因此可能採取不同的經營戰略。業績評價系統設計的主要意圖就是將企業的經營戰略轉化為可操作的業績指標，業務單元的經營戰略作為公司層戰略的分解，是業務單元業績評價系統設計的直接依據和具體體現，公司管理層和業務單元的管理者應該根據該業務單元的經營戰略來決定業績評價系統的設計。作為業績評價系統設計的重要環節，也是體現企業經營戰略的重要一環，業績指標的選擇必須建立在業務單元的具體經營戰略上。只有當選擇的業績指標能夠體現企業的經營戰略，才能有效地激勵企業的經營者按照經營戰略方向來營運，這樣才能夠實現業務單元的經營戰略，進而實現整個企業的公司層戰略，最終達成公司的總體目標。

採取防守型戰略的企業更加強調維持已有的市場份額。其主要是通過改進企業的生產技術、控制企業的成本費用，提高企業的生產效率，進而獲得成本上的領先優勢。在市場營銷方面，主要通過「價格戰」的方式占領市場。因此，短期的財務指標，如成本控制、經營利潤、經營現金流、投資回報率等，對於衡量管理者業績更準確。如果在防守型戰略企業中過多地引入非財務指標衡量管理者業績，將不利於正確地激勵管理者集中精力改善企業生產技術，控制企業的成本發生，這樣就使得防守型戰略的企業失去了產品價格優勢，最終導致企業產品不具備市場競爭力，降低企業業績。

相對來說，在採取前瞻型戰略的企業中，管理者會將大量的精力和財力花在市場調研、市場營銷、新產品研發等方面，希望通過開發差異化的產品、提高產品的附加值等途徑，增加產品的市場份額，進而獲取更大的利潤。那麼，管理者所付出的努力反應在財務指標中就具有一定的時滯性。如果僅僅用財

務業績指標去評價當期管理者的業績，將不能準確地捕獲管理者的行為，可能造成業績評價的巨大偏差。在這種情況下，財務會計指標在管理者薪酬激勵機制中的信息含量會大打折扣。由於非財務指標信息並不是公開可獲取的（如：顧客滿意度、研發等），其包含的反應當前管理者行為的大部分信息並未反應在當前的股票價格中。從這個意義上說，即使應用股市收益率指標去彌補財務會計指標也不能解決這個問題。因此，對於採取前瞻型戰略的企業來說，應該更多地應用非財務指標準確地反應管理者行為。只有準確地衡量管理者行為的結果，才能有效地激勵有利於組織業績最大化的管理者行為，抑制管理者的機會主義行為，降低組織的代理成本，提高組織業績。所以我們認為採取前瞻型戰略的企業，較多地引入非財務指標，能夠改善組織業績。據此，本書提出研究假設五：

H5：相對於防守型戰略來說，採取前瞻型戰略的企業應用非財務指標程度越高，則企業業績越高。

7.2　研究設計

本章運用調節變量模型實證檢驗經營戰略、業績指標與企業業績的關係，經營戰略調節業績指標與企業業績之間的關係。其中，業績指標劃分為三種類型：財務指標、客觀非財務指標與主觀非財務指標；企業業績劃分為三個層次：內部經營業績、客戶與市場業績、財務業績。

7.2.1　模型設計

本章需要探討經營戰略與三種不同業績指標的調節關係，

模型 7.1 分析經營戰略調節財務指標與企業績效的關係，模型 7.2 分析經營戰略調節客觀非財務指標與企業績效的關係，模型 7.3 分析經營戰略調節主觀非財務指標與企業績效的關係。每個模型中的企業績效分為內部經營業績、客戶與市場業績、財務業績，3 個模型實際上包含 9 個迴歸方程，有助於深入挖掘經營戰略發揮調節作用的內在路徑。

$$IOP/CMP/FP = \beta_0 + \beta_1 FM + \beta_2 BS + \beta_3 FM1 * BS1 + \sum \beta_i controlvariables + \varepsilon \quad (7.1)$$

$$IOP/CMP/FP = \beta_0 + \beta_1 ONFM + \beta_2 BS + \beta_3 ONFM1 * BS1 + \sum \beta_i controlvariables + \varepsilon \quad (7.2)$$

$$IOP/CMP/FP = \beta_0 + \beta_1 SNFM + \beta_2 BS + \beta_3 SNFM1 * BS1 + \sum \beta_i controlvariables + \varepsilon \quad (7.3)$$

上述模型的變量定義如表 7.1 所示：

表 7.1　　變量定義表

變量名稱	變量簡寫	變量定義
內部經營業績	IOP	由投入產出率、產品合格率、及時送貨率和員工滿意度四個指標組成
客戶與市場業績	CMP	由產品或服務質量、新產品或服務上市數量、客戶滿意度和市場佔有率四個指標組成
財務業績	FP	由營業利潤增長率、銷售利潤率、總資產收益率和淨資產收益率四個指標組成
財務指標	FM	財務指標採用程度是一個比率值，分子為每個財務指標的打分之和，分母等於財務指標數量乘以量表計分制的最大值，即 14×6＝84
客觀非財務指標	ONFM	客觀非財務指標採用程度是一個比率值，分子為每個客觀非財務指標的打分之和，分母等於客觀非財務指標數量乘以量表計分制的最大值，即 12×6＝72

表7.1(續)

變量名稱	變量簡寫	變量定義
主觀非財務指標	SNFM	主觀非財務指標採用程度是一個比率值，分子為每個主觀非財務指標的打分之和，分母等於主觀非財務指標數量乘以量表計分制的最大值，即 8×6=48
經營戰略	BS	防守型戰略與前瞻型戰略位於該連續變量的兩端，該變量得分越高，則越傾向於前瞻型戰略
組織規模	SIZE	企業員工人數的自然對數
行業類型	IND	當被調查企業為製造業企業，則 IND=1；否則 IND=0
成立年限	AGE	企業成立年限的自然對數
上市背景	LIST	當被調查企業是上市公司，則 LIST=1；否則 LIST=0

7.2.2 變量測量

上述模型中，FM1、ONFM1、SNFM1、BS1 分別是 FM、ONFM、SNFM 和 BS 去中心化處理後的變量，即用變量的每個觀察值減去該變量的均值。由於自變量與調節變量往往與它們的乘積項高度相關，去中心化處理的目的是緩解迴歸方程中變量之間的多重共線性問題[①]。由於本章實證檢驗所用到的研究變量都已經在第五章與第六章中進行過詳細地描述，並且對每個變量的測量方式都做過細緻的介紹，因此本章就不再贅述上述變量的測量方法。

---

① 陳曉萍，徐淑英，樊景立. 組織與管理研究的實證方法 [M]. 北京：北京大學出版社，2008：325.

7.3 實證結果及分析

本章的實證分析主要涉及企業業績、業績指標和經營戰略變量，由於企業業績與經營戰略變量已經在第五章、第六章中進行過因子分析和描述性統計，此處就不再贅述，因此本章主要對業績指標這個顯變量進行描述性統計，然後就對模型 7.1、模型 7.2 和模型 7.3 進行實證檢驗。

7.3.1 描述性統計

財務指標採用程度 FM、客觀非財務指標採用程度 ONFM 與主觀非財務指標採用程度 SNFM 三個變量的描述性統計結果如表 7.2 所示：

表 7.2　　　　　　　　變量描述性統計

變量	樣本數	均值	標準差	最小值	最大值
FM	115	0.646	0.201	0.060	1.000
ONFM	115	0.515	0.203	0.000	0.917
SNFM	115	0.655	0.275	0.000	1.000

從表 7.2 的描述性統計結果可以看出，FM 和 SNFM 兩個變量的均值高於 0.5，說明被調查企業在財務指標和主觀非財務指標方面採用程度較高。ONFM 變量的均值基本上位於 0.5 的水平，說明被調查企業採用客觀非財務指標的程度適中。三個變量的最小值都接近於 0，最大值都接近於 1，說明被調查企業的業績指標採用程度分佈範圍較廣，調查樣本具有較強的代表性。

7.3.2 迴歸分析結果

表7.3、表7.4和表7.5分別是模型7.1、模型7.2和模型7.3的迴歸分析結果，分別檢驗經營戰略對財務指標業績效應的調節作用、對客觀非財務指標業績效應的調節作用和對主觀非財務指標業績效應的調節作用。每個模型中都分別使用三個不同的被解釋變量，即三個不同層次的業績變量，因此每個表格中包括三個迴歸方程的分析結果。

表7.3的迴歸結果中，FM1_BS1表示FM和BS去中心化後的乘積項，該表的分析結果顯示，在三個迴歸方程的分析結果中FM1_BS1對被解釋變量均不具有顯著的影響。這一結果說明，企業經營戰略對財務指標與企業業績之間的關係並不具有調節效應。聯繫到本章提出的研究假設，越傾向於採取前瞻型戰略的企業應用非財務指標程度越高，則越有利於企業業績的改善。該假設的潛在含義就是前瞻型戰略與非財務指標兩者相匹配就能夠提高企業業績，而模型7.1的迴歸結果顯示前瞻型戰略與財務指標的匹配就無法有效提高企業績效，所以該分析結果從一個側面支持了本章的研究假設。

表7.3　經營戰略、財務指標與企業業績的迴歸分析結果

變量	IOP	CMP	FP
常數項	2.095*** (6.157)	1.771*** (5.351)	2.521*** (5.114)
FM	1.048*** (3.094)	0.659** (2.001)	0.624 (1.272)
BS	0.279*** (4.537)	0.389*** (6.502)	0.327*** (3.672)
FM1_BS1	−0.421 (−1.584)	0.043 (0.166)	−0.134 (−0.348)

表7.3(續)

變量	IOP	CMP	FP
控制變量	已控制	已控制	已控制
Adj-R²	0.288	0.376	0.129
F值	7.586***	10.824***	3.421***

註：括號中的數值為 t 值，* 表示 P<0.1，** 表示 P<0.05，*** 表示 P<0.01，為了更好地觀察解釋變量的迴歸結果，未將控制變量的迴歸系數展示出來，下同。

表 7.4 的迴歸結果中，ONFM1_BS1 表示 ONFM 和 BS 去中心化後的乘積項，該表的分析結果顯示 ONFM1_BS1 在三個迴歸方程中都是負的系數，但是只有在第一個和第三個方程中呈現顯著為負的系數，在 10% 的水平上顯著。這一結果說明，經營戰略負向調節客觀非財務指標採用程度與內部經營業績的關係，也負向調節客觀非財務指標採用程度與財務業績的關係，但是並不對客觀非財務指標採用程度和客戶與市場業績的關係構成調節作用。分析其中的原因，本書認為可能是由於客觀非財務指標本身的特點使然。如果企業越傾向於採取前瞻型戰略，則越重視產品的研發、員工的學習與成長、企業文化等軟實力的建設，這些軟實力的建設並不能立竿見影地形成產出，而是一個循序漸進的過程，實現企業的可持續發展。此時，如果過多地採用來自企業經營系統的客觀非財務信息考核各部門或個人，就可能掣肘前瞻型戰略的實施，反而降低企業的績效。同時，企業內部設置有不同的業務部門，由於部門性質和功能的特殊性，並不是每個部門都適合應用客觀非財務信息考核。對於那些不適合應用客觀非財務信息考核的部門，如果強行應用該類指標考核，就有可能造成業績評價的較大偏差，進一步出現代理人的行為扭曲，從而不利於經營戰略的實現。在這種情況下，就需要根據各部門的具體情況，分析該部門的業務特點，設置具有針對性的、有利於經營戰略實現的業績評價指標，如引入

主觀非財務指標，並分別給客觀非財務指標和主觀非財務指標賦予一定的權重，以降低業績評價結果的偏差。

表7.4 經營戰略、客觀非財務指標與企業業績的迴歸分析結果

變量	IOP	CMP	FP
常數項	2.318*** (6.858)	1.911*** (5.876)	2.797*** (5.909)
ONFM	0.538 (1.544)	0.389 (1.160)	-0.393 (-0.806)
BS	0.312*** (4.976)	0.406*** (6.733)	0.392*** (4.466)
ONFM1_BS1	-0.526* (-1.939)	-0.268 (-1.027)	-0.676* (-1.781)
控制變量	已控制	已控制	已控制
Adj-R^2	0.256	0.363	0.150
F值	6.618***	10.282***	3.885***

表7.5的迴歸結果中，SNFM1_BS1表示SNFM和BS去中心化後的乘積項，該表的分析結果顯示SNFM1_BS1只在第三個迴歸方程中具有顯著正的系數，在10%的水平上顯著。這一結果表明，經營戰略正向調節主觀非財務指標與財務業績的關係，並不對主觀非財務指標與內部經營業績、客戶與市場業績的關係具有調節作用。也就是說，越傾向於採取前瞻型戰略的企業應用主觀非財務指標的程度越高，則財務業績表現越好，但是並沒有直接體現在內部經營業績、客戶與市場業績的改善上。分析其中的原因，本書認為可能是由於樣本企業性質導致的，在中國特殊的制度環境下，國有企業並不是一個純粹的市場競爭主體，還替政府承擔一部分公共服務職能，因此國有企業的業績考核中主觀非財務指標（管理績效）占到30%的權重。相對國有企業來說，民營企業承擔的社會責任就少得多，主要是

以盈利為目的的經濟主體，所以在企業的業績考核中更多地以財務指標和客觀非財務指標為主，較少地涉及主觀非財務指標，如社會貢獻、行業影響等。同時，由於國有企業的所有者缺位問題並未得到根本解決，內部人控制問題還比較嚴重，由此導致的管理者代理成本居高不下。與此不同的是，民營企業有明確的所有者，有強大的動力激勵與約束企業的內部管理者，管理者的代理成本就要小得多。從代理成本的角度來說，國有企業與民營企業在最終的業績表現上肯定會存在明顯的差別。據此，本書有必要進一步分樣本考察經營戰略的調節效應。

表7.5 經營戰略、主觀非財務指標與企業業績的迴歸分析結果

變量	IOP	CMP	FP
常數項	2.317*** (7.049)	1.845*** (5.850)	2.374*** (5.429)
SNFM	0.800*** (3.344)	0.617*** (2.689)	1.202*** (3.778)
BS	0.278*** (4.567)	0.386*** (6.623)	0.292*** (3.605)
SNFM1_BS1	−0.235 (−1.150)	0.091 (0.463)	0.536* (1.977)
控制變量	已控制	已控制	已控制
Adj-R^2	0.294	0.398	0.272
F值	7.770***	11.781***	7.096***

7.4 分類檢驗

本節進一步將研究樣本劃分為國有企業樣本和民營企業樣本，其中國有樣本 68 個，民營樣本 47 個。通過迴歸分析發現，分樣本只在經營戰略調節主觀非財務指標與內部經營業績關係時表現出明顯的差異，分析結果如表 7.6 所示。

表 7.6 經營戰略、主觀非財務指標與內部經營業績的分類檢驗結果

變量	IOP 全樣本	國有企業樣本	民營企業樣本
常數項	2.317*** (7.049)	2.092*** (4.821)	2.876*** (5.031)
SNFM	0.800*** (3.344)	0.170 (0.393)	0.830** (2.092)
BS	0.278*** (4.567)	0.365*** (4.001)	0.182* (1.873)
SNFM1_BS1	−0.235 (−1.150)	−0.982** (−2.372)	−0.047 (−0.142)
控制變量	已控制	已控制	已控制
樣本量	115	68	47
Adj-R^2	0.294	0.379	0.158
F 值	7.770***	6.831***	2.243*

從表 7.6 的分類檢驗結果可以看出，全樣本迴歸分析結果中並未發現經營戰略對主觀非財務指標與內部經營業績關係的調節效應，但是在國有企業樣本中發現經營戰略對主觀非財務指標與內部經營業績的關係具有顯著的負向調節作用，民營企

業樣本卻沒有這一關係。這就表明採取前瞻型戰略的國有企業，過多地應用主觀非財務指標會降低企業的內部經營業績，而在民營企業樣本中採取前瞻型戰略的企業使用主觀非財務指標並不會影響企業績效。分析其中的原因，可能是由於國有企業的特殊定位所引致，主觀非財務指標的應用導致管理者經營目標的分散，不利於管理者集中精力搞生產經營，所以導致國有企業內部經營業績的下降。相對來說，民營企業的經營目標較為明確，所有者能夠有效地激勵和約束管理者集中精力提高企業的經濟效益，與生產經營無關的主觀非財務指標就會很少出現，如此一來就能夠有效提升企業的內部經營業績。

在表7.7的分析結果中，發現經營戰略正向調節主觀非財務指標與財務業績的關係。通過分樣本迴歸分析發現，雖然SNFM1_BS1在兩個樣本中的系數都不再顯著，但是SNFM1_BS1在國有企業樣本中的系數符號為負，在民營企業樣本中的系數符號為正。SNFM1_BS1在兩個樣本中的迴歸系數符號發生改變①，而其他變量的系數都未發生變化，足以證明SNFM1_BS1在兩個樣本中具有完全不同的表現。研究結果表明，採取前瞻型戰略的國有企業應用過多的主觀非財務指標將不利於財務業績的改善，而採取前瞻型戰略的民營企業應用較多的主觀非財務指標將有利於財務業績的提升。這一點也正好印證了前文的理論分析，國有企業的主觀非財務指標更多的是與經濟目標不相關的指標，國有企業所有者缺位的問題可能引致管理者的機會主義行為，導致內部代理成本的上升，最終影響國有企業的財務業績表現。民營企業正好在這方面具有明顯的優勢，產權關係明確，公司治理機制能夠得到有效的實施，從而經營戰略可以起到正向調節的效應，最終實現民營企業財務業績的提升。

---

① 該變量的系數不顯著可能是由分樣本的樣本量過少造成的。

表 7.7　經營戰略、主觀非財務指標與財務業績的分類檢驗結果

變量	FP 全樣本	FP 國有企業樣本	FP 民營企業樣本
常數項	2.374*** (5.429)	2.752*** (5.341)	1.799*** (2.101)
SNFM	1.202*** (3.778)	0.157 (0.313)	1.485** (2.503)
BS	0.292*** (3.605)	0.368*** (3.401)	0.328** (2.251)
SNFM1_BS1	0.536* (1.977)	−0.570 (−1.164)	0.562 (1.134)
控制變量	已控制	已控制	已控制
樣本量	115	68	47
Adj-R^2	0.272	0.288	0.325
F 值	7.096***	4.871***	4.162***

7.5　本章小結

　　本章基於權變理論實證檢驗經營戰略、業績指標選擇與企業業績三者之間的關係。研究發現，經營戰略負向調節客觀非財務指標與內部經營業績、財務業績的關係，正向調節主觀非財務指標與財務業績的關係。進一步將研究樣本劃分為國有企業樣本和民營企業樣本，對上述關係進行分類分析發現，國有企業樣本中經營戰略負向調節主觀非財務指標與內部經營業績的關係，而在民營企業樣本中並不存在這一關係；經營戰略對主觀非財務指標與財務業績關係的調節作用，在國有企業和民

營企業樣本中具有截然相反的表現，國有企業樣本中表現為負向調節效應，民營企業樣本中表現為正向調節效應。這一結論說明，同樣採取前瞻型戰略的企業，國有企業較多地使用主觀非財務指標會降低企業的財務業績，民營企業較多地使用主觀非財務指標會提高企業的財務業績，造成這一現象的主要原因是國有企業承擔一部分社會職能，主觀非財務指標的採用程度高可能會使得國有企業付出更多的財務資源承擔社會職能，如扶貧、就業等。相對應地，民營企業採用主觀非財務指標更多地出於企業內部經營管理的需要，較少承擔與生產經營無關的社會職能，因此在前瞻型戰略的主導下民營企業使用主觀非財務指標就能夠改善企業財務業績。

　　Van der Stede et al.（2006）實證檢驗質量生產戰略與不同類型業績指標的使用之間的關係，研究證據部分支持戰略與業績評價的匹配對公司業績的影響，發現質量生產戰略與主觀非財務指標的匹配能夠正向影響公司業績，而沒有支持客觀非財務指標與質量戰略的匹配對公司業績的正向影響。與該文的研究相比，本書對經營戰略的度量方式更加具有普適性、合理性，也發現經營戰略與主觀非財務指標的匹配能夠正向影響企業財務業績，而且發現經營戰略與客觀非財務指標的匹配負向影響企業的內部經營業績和財務業績。更具增量貢獻的是，本書將研究樣本劃分為國有樣本與民營樣本，在中國特殊的制度背景下發現兩種不同性質的樣本中出現截然相反的現象，即經營戰略與主觀非財務指標的匹配負向影響國有企業的財務業績，正向影響民營企業的財務業績。這一研究發現進一步印證了管理會計實踐的情境化特徵。

8
研究結論、局限及展望

本章將對全書內容進行系統的總結，主要由三部分組成：
一是主要研究結論；二是研究局限性；三是未來研究展望。

8.1 研究結論

本書基於權變理論和代理理論，深入分析企業內部業績評價指標選擇的影響因素與經濟後果。具體來說，根據安東尼教授的管理控制系統理論思想，選擇企業內部業務單元經營戰略作為業績評價指標選擇的關鍵權變變量，集中探討經營戰略對業績評價指標選擇的影響及其經營戰略對業績指標選擇的業績後果的調節效應。為了研究問題的邏輯完整性，本書遵循胡玉明（2011）提出的中國管理會計理論與方法研究的學術思想：立足於中國轉型經濟環境下的特有制度背景，綜合運用會計學、經濟學、管理學、組織行為學、社會學和心理學等學科的理論與方法，基於管理會計的「技術、組織、行為、情境」四個維度和「環境→戰略→行為→過程→結果」一體化的邏輯基礎，系統地研究中國企業管理會計理論與方法。由於經營戰略的制定主要受到企業內外部環境的影響，因此引入外部環境中對經營戰略制定具有重大影響的變量——市場競爭程度，打通環境、戰略、管理控制系統與企業業績之間的邏輯關係，沿著「環境→戰略→業績評價→企業業績」的邏輯路徑進行研究。

本書的中心話題是企業業績評價指標選擇，從理論層面深入分析業績評價指標選擇的影響因素與經濟後果，並運用調查問卷數據實證檢驗市場競爭程度與經營戰略對業績評價指標選擇的影響及其業績評價指標採用的業績後果。實證研究部分主要包括三部分內容：一是以權變理論為視角，運用仲介變量模

型檢驗市場競爭程度、經營戰略與非財務指標採用程度之間的關係；二是以代理理論為視角，實證檢驗業績指標多元化對企業三個層面業績的影響；三是以權變理論為視角，運用調節變量模型實證檢驗經營戰略對業績評價指標的業績後果的調節作用。本書遵循國際主流的管理會計實證研究方法，精心設計出一份包含市場競爭程度、經營戰略、業績評價指標和企業業績的調查問卷，將其向中國國有企業和民營企業發放並回收問卷數據。通過對問卷數據的嚴格篩選，運用因子分析方法進行信度和效度檢驗，最後利用迴歸分析方法實證檢驗「市場競爭程度→經營戰略→業績指標採用程度→企業業績」這一邏輯路徑的關係，獲得了具有理論與實踐價值的研究結論。具體可以總結為如下三點：

（1）管理控制系統的設計符合權變理論思想，影響管理控制系統設計的權變因素具有層次性。通常來說，管理控制系統的設計主要考慮的權變因素有環境、戰略、技術和規模等。但是，這些權變因素並不是處於同一層次的變量。根據安東尼教授的管理控制系統理論，企業控制可分為三個層次：戰略控制、管理控制和經營控制，管理控制系統是對戰略控制系統的反應，並實施企業的經營戰略。根據戰略管理關於環境和戰略關係的理論分析，企業戰略是對組織內外部環境的反應，可以認為戰略是對企業內外部環境的適應方式。綜合戰略管理和管理控制系統理論，我們認為「環境→戰略→管理控制」構成一個逐級遞進的邏輯關係。由此可見，相比管理控制系統設計的其他權變因素，戰略是一個更高層次的權變變量，只有戰略與環境的匹配度提高了，才能設計出高效的管理控制系統。本書以業績評價系統為研究焦點，從理論層面論證了經營戰略是市場競爭程度與非財務指標採用程度關係的仲介變量。在此理論假設下，遵循仲介變量研究模式，運用問卷調查數據實證檢驗市場競爭

程度、經營戰略與非財務指標採用程度三個變量之間的關係。實證研究發現，僅僅國有企業的經營戰略在市場競爭程度與非財務指標採用程度的關係中起到完全仲介的作用，也就是說國有企業面臨的市場競爭程度對非財務指標採用程度的影響需要通過經營戰略這個仲介變量才能起作用。這一研究結論正好驗證了「環境→戰略→管理控制」這一邏輯路徑，環境與戰略是不同層次的權變變量。該研究結論在理論層面深化了我們對權變變量內部的結構關係的認識，在企業管理實踐方面要求管理者敏銳察覺市場環境的變化，及時調整企業的經營戰略，並且適時地匹配企業管理控制系統模式。

（2）基於代理理論實證檢驗業績指標多元化的業績後果，運用業績指標多元化變量分別對內部經營業績、客戶與市場業績、財務業績進行迴歸分析，研究發現業績指標多元化變量與三個業績變量都呈顯著正相關關係，說明業績指標多元化確實能夠有效地降低代理人的代理成本，並且改善企業不同層次的業績。傳統單一的業績指標容易導致企業內部代理人的短期行為，不利於企業價值最大化的實現。所謂「評價什麼就得到什麼」，通常管理者有動機去關注有業績指標對其績效進行評價的活動，而往往忽視上級管理者不對其績效進行評價的活動。按照這個理論邏輯，代理理論認為通過擴大代理人的績效考核範圍，可以有效降低代理人的代理成本。業績評價指標大致可以分為兩類：財務指標和非財務指標。傳統的業績考核指標主要使用財務指標，容易導致代理人的短期行為，不利於企業價值最大化的實現。通過引入非財務指標形成業績評價指標體系，能夠對代理人的行為過程進行有效的管理，緩解代理人的功能紊亂行為。那麼業績指標多元化是否能夠帶來企業業績的提升呢？本研究運用調查問卷數據，通過業績指標多元化變量分別對內部經營業績、客戶與市場業績、財務業績進行迴歸分析，

研究發現業績指標多元化確實能夠有效提高企業不同層次的業績。進一步地，本書將研究樣本劃分為國有樣本和民營樣本，並再次進行迴歸分析，研究結果表明業績指標多元化對民營企業財務業績的改善程度要高於對國有企業財務業績的改善，可能是由於國有企業承擔一部分社會職能，部分主觀非財務指標的考核消耗了國有企業的財務資源。

（3）基於權變理論實證檢驗經營戰略、業績評價指標採用程度與企業業績三者之間的關係。研究發現，經營戰略與客觀非財務指標的匹配負向影響內部經營業績和財務業績，經營戰略與主觀非財務指標的匹配正向影響財務業績。本書進一步將研究樣本劃分為國有企業樣本和民營企業樣本，對上述關係進行分類分析發現，國有企業樣本中經營戰略負向調節主觀非財務指標與內部經營業績的關係，而在民營企業樣本中並不存在這一關係；經營戰略對主觀非財務指標與財務業績關係的調節作用，在國有企業和民營企業樣本中具有截然相反的表現，國有企業樣本中表現為負向調節效應，民營企業樣本中表現為正向調節效應。這一結論說明，同樣採取前瞻型戰略的企業，國有企業較多地使用主觀非財務指標會降低企業的財務業績，民營企業較多地使用主觀非財務指標會提高企業的財務業績。造成這一現象的主要原因是國有企業承擔一部分社會職能，主觀非財務指標的採用程度高可能會使得國有企業付出更多的財務資源來承擔社會職能。相對應地，民營企業採用主觀非財務指標更多地出於企業內部經營管理的需要，較少承擔與生產經營無關的社會職能，因此在前瞻型戰略的主導下民營企業使用主觀非財務指標能有效改善企業財務業績。本書將研究樣本劃分為國有樣本與民營樣本，在中國特殊的制度背景下發現兩種不同性質的樣本中出現截然相反的現象，即經營戰略與主觀非財務指標的匹配負向影響國有企業的財務業績，正向影響民營企

業的財務業績。這一研究發現進一步印證了管理會計實踐的情境化特徵。

8.2 研究局限

　　管理會計實證研究數據獲取方式的成本高、週期長，導致目前國內會計學術界對管理會計研究問題的冷落，然而中國企業管理實踐卻日益重視管理會計技術的應用。與資本市場會計研究相比，管理會計實證研究的文獻累積相當有限，在研究問題的深度、研究設計的規範性、研究手段的先進性上與國際主流的管理會計研究存在不小的差距。雖然我們在研究技術的使用上盡力與國際主流研究範式靠近，但是仍然在以下幾個方面存在不同程度的局限：

　　（1）分析層次可能偏高。根據安東尼教授的管理控制系統理論，企業控制分為三個層次：戰略控制、管理控制和營運控制，管理控制位於組織的中層，連接高層的戰略控制和基層的營運控制。業績評價系統作為管理控制系統的子系統之一，理所當然業績評價系統也應該定位於企業的中層。況且，本書所用的市場競爭程度與經營戰略變量都屬於業務單元層次的概念。如果將研究層次提高到公司層，則業績評價指標的選擇會弱化對公司整體業績的影響。為了盡量使得樣本數據反應被調查企業業務單元的情況，問卷設計中特別強調「本問卷的調查層次定位於單個企業或者集團企業的分公司、子公司與事業部。如果您在集團總部工作，請就您熟悉的分子公司或事業部的情況進行填答」，但是從員工人數仍然可以看出少數填答者仍然將公司整體情況作為回答的基礎。這就可能導致部分樣本的分析層

次偏高。幸運的是，分析層次偏高一般會降低統計檢驗拒絕原假設的能力，在本研究已經發現具有顯著影響的情況下，分析層次偏高的問題並不會對研究結論造成過大的影響。

（2）不同任職崗位的問卷填答者可能對部分問題的理解存在偏差。本次問卷調查涉及的問題比較綜合，要求問卷填答者對所在企業有比較全面的瞭解，所以該問卷最合適的問卷填答者是業務單元的負責人。但是，限於大量業務單元負責人的可獲取性，本書選擇了其他綜合性較強的崗位職員，尤其是財會部門的人員較多。通過對問卷填答者信息的描述，可以發現大部分填答者的工作年限較長、學歷較高，對問卷能夠比較準確地理解和填答，但是也不能排除部分填答者對問卷問題的不理解，比如行政/後勤部門的職員。本次問卷調查的填答者屬於行政/後勤部門的僅有 3 人，占總樣本的 2.61%，可以認為對研究結論沒有大的影響。

（3）由於時間及研究渠道的限制，未對典型企業的業績評價實踐進行長期深入的實地研究。本書運用問卷調查方法獲取大樣本橫截面數據，實證檢驗業績評價指標選擇的影響因素與經濟後果。雖然獲得了關於業績評價指標選擇的一般性規律，但是並未對典型企業的業績評價實踐進行長期的實地研究。如果選擇兩家業績評價實踐的典型企業（國有企業與民營企業各一家）對其長期觀察，就可以準確地把握業績評價指標設計的具體操作過程、業績指標選擇的動因及其對評價客體的行為和業績的影響，為我們更加深入地理解中國企業的業績評價模式提供範本，有助於提高中國企業的業績管理水平。

（4）樣本量有待提高。本研究實際使用樣本數量 115 個，樣本量已經遠超過統計檢驗所需的最低數量要求。實際上，本次問卷調查共發放問卷 230 份，經過樣本的嚴格篩選，剩下有效樣本 115 份。樣本量大才能保證研究結論的穩健性，實證研

究結果曾出現迴歸系數位於顯著的邊緣，如果樣本量再大一些就可能出現顯著的結論。由於研究時間和成本的限制，問卷調查樣本量不可能做得太大，也可能由於填答質量不高剔除掉的樣本過多造成有效樣本量的降低。在後續研究中，筆者將在研究時間和經費的保證下盡量擴大樣本的搜集範圍和數量，提高實證分析中的有效樣本量，進一步增強研究結論的說服力。

8.3　未來研究展望

　　結合國內外學術界對業績評價系統的研究文獻，可以判斷業績評價系統仍然是管理會計研究的核心話題。未來可以從以下幾個方面深入研究業績評價系統：

　　（1）運用實地研究方法分析戰略業績評價系統的運行模式。業績評價系統天然的職能是實現企業戰略，進而實現企業的經營目標。正是基於對業績評價系統職能的認識，順理成章地出現「戰略業績評價系統」一詞，並且最近幾年關於戰略業績評價系統的理論研究蔚然成風。本書的實證檢驗也確實發現戰略對業績評價系統的設計具有重要的影響，然而戰略與業績評價系統的具體結合方式並沒有得到理論界應有的關注。只有深入分析戰略業績評價系統的內在運行機理，才能準確地把握業績評價系統實施企業戰略的過程和結果。在中國企業管理實踐中，不乏成功應用戰略業績評價系統的典型案例。因此，學術界可以應用實地研究方法深入典型的案例企業，採用實地觀察、訪談等技術手段集中探討戰略業績評價系統的運行方式，並將其上升到戰略業績評價系統運行模式的理論層面，用來指導中國企業的業績評價實踐。

(2) 運用實驗研究方法分析業績評價系統實施的行為後果。本書採用問卷調查方法實證檢驗了業績評價指標採用的業績後果，發現了一些具有價值的研究結論。但是，畢竟影響企業業績的因素有很多，尤其是在管理會計研究中不可能獲得較多控制變量的數據，無法對影響企業業績的變量都一一控制，這就可能導致研究結論出現偏差。為了縮短變量之間關係的傳導鏈條，一種比較有效的方式就是檢驗具有不同特徵的業績評價系統實施後對評價客體行為的影響，即考察代理人的行為後果。由於任何一種管理控制手段的實施，其直接目的就是改變實施對象的行為表現，進而實現企業的經營戰略和目標，所以業績評價系統的實施與代理人的行為反應具有最為直接的因果關係。通過對代理人行為反應的觀察，研究者才能在無干擾或低干擾的場景中發現更加準確的因果聯繫。要想獲得變量之間的因果關係，實驗研究方法是最為可取的方式。一般來說，使用問卷調查方式獲取的是橫截面數據，發現的是變量間的相關關係，為了證明變量間具有因果聯繫，往往需要在理論分析過程中花費大量的筆墨對該關係進行說明。因此，學術界未來可以使用實驗研究方法分析不同類型的業績評價指標採用後的代理人行為表現，不同層次的代理人的行為表現又有何差別。

(3) 運用檔案研究方法分析國有企業業績評價的經濟後果。最近幾年，國資委一直致力於國有企業業績考核辦法的改革。從傳統的重規模、重利潤轉向重效益、重價值創造，2010年在中央企業開始全面推行經濟增加值指標，EVA指標權重占到40%，利潤總額僅占到30%的份額。由於國資委對央企負責人的業績考核實行年度考核與任期考核相結合的方式，年度考核與任期考核的實施效果是否存在差別呢？為了應對國資委新的考核方式，央企負責人會採取怎樣的應對措施呢？這些都是值得實證檢驗的命題。考慮到財務指標的內在缺陷，國資委引入

分類指標，並對其賦予30%的權重。這裡的分類指標其實就是本書所說的主觀非財務指標，這些指標採用專家打分的方法進行考核。在中國特殊的制度背景下，主觀非財務指標是否能夠對財務指標形成有效的補充呢？主觀非財務指標採用後的具體表現及其對代理人的行為產生何種影響？我們對這些問題還知之甚少。由於大部分央企都是上市公司，可以方便地獲取研究數據，因此學術界未來可以應用檔案式研究方法全面深入地實證檢驗國有企業業績考核政策改革後的經濟後果。

參考文獻

1. 陳佳俊. 企業戰略與業績評價指標的選擇 [J]. 審計理論與實踐, 2003 (12): 81-82.

2. 陳曉, 徐淑英, 樊景立. 組織與管理研究的實證方法 [M]. 北京: 北京大學出版社, 2008.

3. 陳永霞, 賈良定, 李超平, 等. 變革型領導、心理授權與員工的組織承諾: 中國情景下的實證研究 [J]. 管理世界, 2006 (1): 96-105.

4. 池國華. 基於組織背景的管理控制系統設計: 一個理論框架 [J]. 預測, 2004 (3): 7-11.

5. 池國華. 內部管理業績評價系統設計研究 [M]. 大連: 東北財經大學出版社, 2005.

6. 池國華. 內部管理業績評價系統設計框架 [J]. 預測, 2006 (3): 12-16.

7. 高晨. 管理者業績評價與激勵前沿問題研究——基於中國企業情境下的理論探索與創新 [M]. 北京: 經濟科學出版社, 2010.

8. 何錚. 從主流戰略管理研究折射中國國有企業戰略管理實踐的演變 [J]. 南開管理評論, 2006 (2): 106-109.

9. 賀穎奇. 企業經營業績評價的權變方法 [J]. 財務與會計, 1998 (12): 21-23.

10. 胡奕明. 非財務指標的選擇——價值相關分析 [J]. 財經研究, 2001 (5): 44-49.

11. 胡玉明. 高級管理會計 [M]. 3版. 廈門: 廈門大學出版社, 2009.

12. 胡玉明. 平衡計分卡: 一種戰略績效評價理念 [J]. 會計之友, 2010 (4): 4-10.

13. 胡玉明. 企業管理會計理論與方法研究框架: 基本構想與預期突破 [J]. 財會通訊, 2011 (4): 6-10.

14. 藍海林. 企業戰略管理 [M]. 北京: 科學出版社, 2011.

15. 李蘋莉, 寧超. 關於經營者業績評價的思考 [J]. 會計研究, 2000 (5): 22-27.

16. 劉海潮, 李垣. 競爭壓力、戰略變化、企業績效間的結構關係——中國轉型經濟背景下的研究 [J]. 管理學報, 2008 (2): 282-287.

17. 劉海建, 陳傳明. 企業組織資本、戰略前瞻性與企業績效: 基於中國企業的實證研究 [J]. 管理世界, 2007 (5): 83-93.

18. 羅伯特·安東尼, 維杰伊·戈文達拉揚. 管理控制系統 [M]. 劉宵侖, 朱曉輝, 譯. 北京: 人民郵電出版社, 2010.

19. 潘飛, 張川. 市場競爭程度、評價指標與公司業績 [J]. 中國會計評論, 2008 (3): 321-338.

20. 萬壽義, 趙淑惠. 企業內部業績評價多樣性的行為影響研究——基於員工激勵計劃的實證分析 [J]. 山西財經大學學

報, 2009 (3): 77-84.

21. 王華兵, 李雷. 非財務指標融入分部經理激勵契約設計的研究 [J]. 山西財經大學學報, 2011 (4): 115-124.

22. 王化成, 劉俊勇, 孫薇. 企業業績評價 [M]. 北京: 中國人民大學出版社, 2004.

23. 溫素彬, 黃浩嵐. 利益相關者價值取向的企業績效評價——績效三棱鏡的應用案例 [J]. 會計研究, 2009 (4): 62-68.

24. 文東華, 潘飛, 陳世敏. 環境不確定性、二元管理控制系統與企業業績實證研究——基於權變理論的視角 [J]. 管理世界, 2009 (10): 102-114.

25. 肖澤忠, 杜榮瑞, 周齊武. 試探信息技術與管理會計和控制的互補性及其業績影響 [J]. 管理世界, 2009 (4): 143-161.

26. 於增彪. 管理會計 [M]. 北京: 清華大學出版社, 2014.

27. 於增彪. 管理會計研究 [M]. 北京: 中國金融出版社, 2007.

28. 於增彪, 張雙才, 劉桂英. 國企績效評價體系設計的基本思路 [J]. 財務與會計 (理財版), 2007 (12): 48-50.

29. 張川, 潘飛, John Robinson. 非財務指標與企業財務業績相關嗎?——一項基於中國國有企業的實證研究 [J]. 中國工業經濟, 2006 (11): 99-107.

30. 張川, 潘飛, John Robinson. 非財務指標採用的業績後果實證研究——代理理論 VS. 權變理論 [J]. 會計研究, 2008 (3): 39-46.

31. 張川, 楊玉龍, 高苗苗. 中國企業非財務績效考核的實踐問題和研究挑戰——基於文獻研究的探討 [J]. 會計研究,

2012（12）：55-60.

32. 張川. 業績評價指標的採用與後果——基於中國企業的實證研究［M］. 上海：復旦大學出版社，2008.

33. 張蕊. 企業經營業績評價理論與方法的變革［J］. 會計研究，2001（12）：46-50.

34. 張先治. 內部管理控制論［M］. 北京：中國財政經濟出版社，2004.

35. 趙治綱. 中國式經濟增加值考核與價值管理［M］. 北京：經濟科學出版社，2010.

36. ABERNETHY, M. A., A. M. LILLIS. The impact of manufacturing flexibility on management control system design. Accounting, Organizations and Society 1995. 20：241-258.

37. ANDERSON, S. W., W. N. LANEN. Economic transition, strategy and the evolution of management accounting practices. Accounting, Organizations and Society 1999. 24：379-412.

38. BAKER, G. Incentive contracts and performance measurement. Journal of Political Economy 100（3）：598-614.

39. BANKER, R. D., G. POTTER, D. SRINIVASAN. An empirical investigation of an incentive plan that includes nonfinancial performance measures. The Accounting Review 75：65-92.

40. BANKER, R. D., S. M. DATAR. Sensitivity, precision and linear aggregation of signals. Journal of Accounting Research 27（1）：21-40.

41. BARON, R. M., D. A. KENNY. The moderator-mediator variable distinction in social psychological research：Conceptual, strategic, and statistical considerations. Journal of Personality and Social Psychology 51：1173-1182.

42. BOUWENS, J., A. M. ABERNETHY. The consequences of

customization on management accounting system design. Accounting, Organizations and Society, 241-258.

43. BUSHMAN, R. M., R. J. INDJEJIKIAN, A. SMITH. CEO compensation: The role of individual performance evaluation. Journal of Accounting and Economics 21: 161-193.

44. CADEZ, S., C. GUILDING. An exploratory investigation of an integrated contingency model of strategic management accounting. Accounting, Organizations and Society 33: 836-863.

45. CHANDLER, A. D. Strategy and Structure, MIT Press.

46. CHEN, C., LEE, S., STEVENSON, H. W.「Response style and cross- cultural comparisons of rating scales among east Asian and north American students」, Psychological Science 6: 170-175.

47. CHENHALL. Management control system design within its organizational context: Findings from contingency-based research and directions for the future. Accounting, Organizations and Society 28 (2/3): 127-168.

48. CHENHALL, LANGFIELD-SMITH. The relationship between strategic priorities, management techniques and management accounting: An empirical investigation using a systems approach. Accounting, Organizations and Society, 23, 243-264.

49. CHENHALL, D. MORRIS. The impact of structure, environment and interdependence on the perceived usefulness of management accounting systems. The Accounting Review 61: 16-35.

50. CHONG, K. CHONG. Strategic choices, environmental uncertainty and SBU performance: a note on the intervening role of management accounting systems. Accounting and Business Research: 268-276.

51. DAMANPOUR F. Organizational Innovation: A meta-Analysis of effects of determinants and moderators. Academy of Management Journal 34 (3): 555-590.

52. DANIEL. S. J. , W. D. REITSPERGER. Linking quality strategy with management control systems: empirical evidence from Japanese industry. Accounting, Organizations and Society 16 (7): 601-618.

53. DATAR S., S. C. KULP , R. A. LAMBERT. Balancing Performance Measures. Journal of Accounting Research 39 (1): 75-92.

54. FELTHAM, J. XIE. Performance measures congruity and diversity in multi-task principal/agent relations. The Accounting Review 69 (7): 429-453.

55. FISHER. Contingency-based research on management control systems: categorization by level of complexity. Journal of Accounting Literature: 24-35.

56. FLEMING, C. W. CHOW , G. CHEN. Strategy, performance measurement system, and performance: a study of Chinese firms. The International Journal of Accounting 44: 256-278.

57. GERDIN, J., GREVE, J. Forms of contingency fit in management accounting research—a critical review. Accounting, Organizations and Society 29: 303-326.

58. GHOSH, D., R. F. LUSCH. Outcome effect, controllability and performance evaluation of managers: Some evidence from multi-outlet businesses. Accounting, Organizations and Society 25 (4 / 5): 411-425.

59. GINZBERG M. J. An organizational contingencies view of accounting and information systems implementation. Accounting, Organizations and Society 5 (4): 369-382.

60. GORDON L. A. , D. MILLER. A contingency framework for the design of accounting information systems. Accounting, Organizations and Society 1 (1): 59-69.

61. GOSSELIN M. An empirical study of performance measurement in manufacturing firms. International Journal of Productivity and Performance Management 54 (5/6): 419 - 437.

62. GOVINDARAJAN, V. A contingency approach to strategy implementation at the business-unit level: Integrating administrative mechanisms with strategy. Academy of management Journal 31 (4): 828-853.

63. GOVINDARAJAN, V. , J. FISHER. Strategy, control systems and resource sharing: effects on business-unit performance. Academy of Management Journal 33 (2): 259-285.

64. GOVINDARAJAN, V. , A. K. GUPTA. Linking control systems to business unit strategy: impact on performance. Accounting, Organizations and Society 10: 51-66.

65. GUL F. A. The effects of management accounting systems and environmental uncertainty on small business managers′ performance. Accounting and Business Research 22 (85): 57-61.

66. GUPTA A. K. , V. GOVINDARAJAN. Business unit strategy, managerial characteristics, and business unit effectiveness at strategy implementation. Academy of Management Journal 27 (1): 25-41.

67. HAYES. The contingency theory of management accounting. The Accounting Review 52 (1): 22-39.

68. HEMMER. On the design and choice of " modem" management accounting measures. Journal of Managerial Accounting Research: 87-116.

69. HOLMSTROM. Moral hazard and observability. Bell Journal of Economics 10：74-91.

70. HOLMSTROM. Moral hazard in teams. Bell Journal of Economics 13（2）：324-340.

71. HOQUE, Z., L. MIA, M. ALAM. Market competition, computer-aided manufacturing and use of multiple performance measures：an empirical study. British Accounting Review 33, 23-45.

72. HOQUE, W. JAMES. Linking balanced scorecard measures to size and market factors：Impact on organizational performance. Journal of Management Accounting Research 12：1-17.

73. HOQUE, Z. A contingency model of the association between strategy, environmental uncertainty and performance measurement：impact on organizational performance. International Business Review 13：485-502.

74. ITTNER, C. D., D. F. LARCKER , M. V. RAJAN. The choice of performance measures in annual bonus contracts. The Accounting Review 72（2）：231-255.

75. ITTNER, D. F. LARCKER, M. MEYER. Subjectivity and the weighting of performance measures：Evidence from a balanced scorecard. The Accounting Review 78（3）：725-758.

76. ITTNER, C. D., D. F. LARCKER., T. RANDALL. Performance implications of strategic performance measures in financial services firms. Accounting, Organizations and Society 28：715-741.

77. ITTNER, C., D. F. LARCKER. Total quality management and the choice of information and reward systems. Journal of Accounting Research：1-34.

78. ITTNER, C. D., D. F. LARCKER. Are nonfinancial measures leading indicators of financial performance：An analysis of cus-

tomer satisfaction. Journal of Accounting Research 36 (Supplement): 1-35.

79. ITTNER, C. D., D. F. LARCKER. Assessing empirical research in managerial accounting: a value-based management perspective. Journal of Accounting and Economics 32: 349-410.

80. KAPLAN, R. S., D. P. NORTON. The balanced scorecard: Measures that drive performance. Harvard Business Review 70 (1): 71-79.

81. KAPLAN, R. S., D. P. NORTON. Using the balanced scorecard as a strategic management system. Harvard Business Review: 75-85.

82. LAMBERT, R. A. Agency theory and management accounting. Handbook of Management Accounting Research. Vol. 1: 247-268.

83. LANGFIELD - SMITH. Management control systems and strategy: A critical review. Accounting, Organizations and Society 22 (2): 207-232.

84. LILLIS. Managing multiple dimensions of manufacturing performance-an exploratory study. Accounting, Organizations and Society 27 (6): 497-529.

85. LIPE, S. E. SALTERIO. The balanced scorecard: Judgmental effects of common and unique performance measures. The Accounting Review 75 (3): 283-298.

86. LYNCH, CROSS. Measure up!. Cambridge, MA: Blackwell Publishers.

87. MIA L. , B. CLARKE. Market competition, management accounting systems and business unit performance. Management Accounting Research 10 (2): 137-158.

88. MILES, SNOW, C. C. Organizational strategy, structure and process. New York: McGraw Hill.

89. MILLER. Relating porter's business strategies to environment and structure: analysis and performance implications. Academy of Management Journal 31 (2): 280-308.

90. MILLER, FRIESEN. Innovation in conservative and entrepreneurial firms: two models of strategic momentum. Strategic Management Journal 3: 1-25.

91. MILLER, FRIESEN. Strategy-making and the environment: the third link. Strategic Management Journal 4: 221-235.

92. MOERS. Discretion and bias in performance evaluation: the impact of diversity and subjectivity. Accounting, Organizations and Society 30 (1): 1-98.

93. NEELY A, ADAMS C., KENNERLEY M. The performance prism: The scorecard for measuring and managing business success. Person Education Limited.

94. OTLEY. The contingency theory of management accounting: achievement and prognosis. Accounting, Organizations and Society 5 (4): 413-428.

95. PERERA, S., HARRISON, G., POOLE, M. Customer-focused manufacturing strategy and the use of operations-based non-financial performance measures: a research note. Accounting, Organizations and Society 22: 557-572.

96. PORTER, M. E. Competitive strategy. Free Press, New York.

97. PRENDERGAST, TOPEL, R. Discretion and bias in performance evaluation. European Economic Review 37: 355-365.

98. RICHARDSON, GORDON. Measuring total manufacturing

performance. Sloan Management Review 21 (2): 47-58.

99. SAID, A. A., H. R. HASSAB ELNABY, B. WIER. An empirical investigation of the performance consequences of nonfinancial measures. Journal of Management Accounting Research 15: 193-223.

100. SIMONS. Accounting control systems and business strategy: An empirical analysis. Accounting, Organizations and Society 12 (4): 357-374.

101. SIMONS. Levers of control. Boston, MA: Harvard Business School Press.

102. SIM, L. KILLOUGH. The performance effects of complementarities between manufacturing practices and management accounting systems. Journal of Management Accounting Research: 325-345.

103. SMITH K. G., J. P. GUTHRIE, M. J. CHEN. Strategy, size and performance. Organization Studies 10 (1): 63-81.

104. TYMOND JR., W. G., STOUT. D. E., SHAW, K. N. Critical analysis and recommendations regarding the role of perceived environmental uncertainty in behavioral accounting research. Behavioral Research in Accounting 10: 23-46.

105. VAN DER STEDE, W. A., CHOW, C. W., LIN, T. W. 2006. Strategy, choice of performance measures, and performance. Behavioral Research in Accounting, 18, 185-205.

106. WATERHOUSE J. H., P. TIESSEN. A contingency framework for management accounting systems research. Accounting, Organizations and Society 3 (1): 65-76.

附錄

尊敬的女士/先生：

您好！

我們是西南財經大學中國管理會計研究中心成員，目前承擔西南財經大學課題「企業經營戰略與業績評價指標選擇研究」的研究任務。為設計高效、實用的業績評價系統，我們必須深刻認識中國企業業績評價指標設置的現狀、驅動因素與經濟後果。因此，課題組需要對中國企業業績評價實踐進行問卷調查，您在企業管理領域的真知灼見將對本課題的研究起到至關重要的作用，衷心希望您能予以支持。我們基於已有文獻與實地訪談資料設計本問卷，希望您根據企業管理實踐經驗認真、客觀填答。

本問卷的調查層次定位於單個企業或者集團企業的分公司、子公司與事業部。如果您在集團總部工作，請就您熟悉的分子公司或事業部的情況進行填答。

如果本問卷的調查數據有缺失，我們將不能使用該份問卷數據，您的真知灼見就不能反應在我們的分析結果中，我們則

會損失一個寶貴的調查樣本。因此希望您能夠完整地回答本問卷的每一個題項。本問卷題項的答案沒有對錯之分，您只需要根據您所在企業的實際情況或者您的第一反應來打分即可。

我們鄭重承諾：調查涉及的全部資料僅供研究之用，決不私自挪作他用，您所填寫的一切內容，也將絕對保密。如有需要，我們會把最終研究成果反饋給您，希望能為貴企業業績評價實踐提供幫助！

衷心感謝您的支持！

祝貴企業事業蒸蒸日上！

西南財經大學課題組
2012 年 11 月

附：調查問卷

A. 公司基本信息

請在選項前的方框中打「√」或在橫線上直接填寫。本問卷定位於企業中層，即企業內部的分子公司或事業部。

A1. 貴公司是否為上市公司？　　　　□是　　　　□否

A2. 貴公司成立時間：＿＿＿＿年（您任職或熟悉的中層單位的成立時間）

A3. 貴公司的所有制性質：
□國有獨資或國有控股企業　□民營企業　□中外合資企業　□外資企業

A4. 貴公司主要業務所屬行業類型：
□農、林、牧、漁業　□採掘業　□製造業　□電力、煤氣及水的生產和供應業　□建築業　□交通運輸、倉儲業　□信息技術業　□批發和零售貿易業　□金融、保險業　□房

地產業　□社會服務業　□傳播與文化產業　□綜合類

若貴公司屬於製造業，請問屬於製造業中哪個細分行業？(若不是製造業，則不需回答本題)

□食品、飲料　□紡織、服裝、皮毛　□木材、家具　□造紙、印刷　□石油、化學、塑膠、塑料　□電子　□金屬、非金屬　□機械、設備、儀表　□醫藥、生物製品　□其他

A5. 貴公司現有員工人數：_____ 人（您任職或熟悉的中層單位的員工人數）

B. 市場競爭程度

請根據貴公司所在行業的實際情況客觀地為下列陳述進行打分，請在相應分值上打「√」。答案分為六個等級，1和6分別代表兩種極端的形式，1到6程度依次遞增或遞減。

B1. 貴公司競爭對手數量：
（幾乎沒有）1　2　3　4　5　6（非常多）

B2. 貴公司所在行業生產技術更新速度：
（非常慢）1　2　3　4　5　6（非常快）

B3. 貴公司所在行業新產品/服務出現的速度：
（非常慢）1　2　3　4　5　6（非常快）

B4. 貴公司所在行業價格競爭程度：
（幾乎不降價）1　2　3　4　5　6（價格戰很激烈）

B5. 貴公司產品或服務占所在行業的市場份額：
（非常小）1　2　3　4　5　6（非常大）

B6. 貴公司所在行業銷售渠道競爭程度：
（銷售渠道非常少）1　2　3　4　5　6（銷售渠道非常多）

B7. 貴公司所在行業受政府管制程度：
（不受管制）1　2　3　4　5　6（完全管制）

C. 環境不確定性

請根據貴公司外部環境的實際情況，客觀判斷下列描述與企業實際情況相符的程度，請在相應分值上打「√」。答案分為六個等級，1 表示貴公司面臨的外部環境與此表述「完全不符」；6 表示貴公司面臨的外部環境與此表述「完全相符」。

編號	外部環境	1(完全不符) ——→ 6(完全相符)					
C1	本公司的客戶需求與偏好經常發生變化	1	2	3	4	5	6
C2	本公司的原材料採購價格經常發生變化	1	2	3	4	5	6
C3	本行業競爭對手對市場發生的變化反應迅速	1	2	3	4	5	6
C4	本行業的生產技術升級換代快速	1	2	3	4	5	6
C5	政府對本公司所在行業管制程度很低	1	2	3	4	5	6
C6	本行業所面臨的未來經濟形勢複雜多變	1	2	3	4	5	6
C7	本公司產品在國際市場上的需求量和價格經常發生變化	1	2	3	4	5	6

D. 業務單元經營戰略

請根據貴公司的實際情況，客觀判斷每項描述與企業實際相符的程度，請在相應分值上打「√」。答案分為六個等級，1到6程度依次遞增。

編號	戰略描述	1(完全不符)————→6(完全相符)					
D1	公司具有冒險精神，總是試圖開拓新的市場	1	2	3	4	5	6
D2	公司在進入新的市場時總是試圖成為行業領先者	1	2	3	4	5	6
D3	公司經常推出新的產品或對已有產品進行升級換代	1	2	3	4	5	6
D4	公司很重視對市場的研究，並對市場信號做出快速反應	1	2	3	4	5	6
D5	公司很重視產品研發，並投入大量研發資金	1	2	3	4	5	6
D6	公司強調員工的創新思維與學習能力	1	2	3	4	5	6

E. 業績指標選擇與重視程度

請根據貴公司的實際情況，選擇貴公司在業績評價實踐中使用的業績評價指標。如果貴公司未使用某項指標，則選擇0；如果貴公司使用某項指標，則在1~6中選擇對該項指標的重視程度（程度依次遞增），並在相應分值上打「√」。

編號	業績評價指標	0 表示貴公司未使用該指標 1(不重視) ──────→ 6(非常重視)						
E1	總利潤（或淨利潤）	0	1	2	3	4	5	6
E2	銷售利潤率	0	1	2	3	4	5	6
E3	淨資產報酬率	0	1	2	3	4	5	6
E4	總資產報酬率	0	1	2	3	4	5	6
E5	經濟增加值（EVA）	0	1	2	3	4	5	6
E6	總資產週轉率	0	1	2	3	4	5	6
E7	應收帳款週轉率	0	1	2	3	4	5	6
E8	銷售收入增長率	0	1	2	3	4	5	6
E9	資本保值增值率	0	1	2	3	4	5	6
E10	市場佔有率	0	1	2	3	4	5	6
E11	及時交貨率	0	1	2	3	4	5	6
E12	客戶投訴次數	0	1	2	3	4	5	6
E13	保修次數	0	1	2	3	4	5	6
E14	退貨率	0	1	2	3	4	5	6
E15	客戶滿意度	0	1	2	3	4	5	6
E16	廢品率	0	1	2	3	4	5	6
E17	新專利數量	0	1	2	3	4	5	6
E18	新產品上市數量	0	1	2	3	4	5	6
E19	新產品上市週期	0	1	2	3	4	5	6
E20	員工滿意度	0	1	2	3	4	5	6
E21	人均利潤（主營業務利潤/員工平均人數）	0	1	2	3	4	5	6

表(續)

編號	業績評價指標	0表示貴公司未使用該指標 1(不重視) ──────→ 6(非常重視)						
E22	培訓支出比率（員工培訓支出/主營業務收入）	0	1	2	3	4	5	6
E23	技術創新投入率（技術創新投入總額/淨利潤）	0	1	2	3	4	5	6
E24	新品銷售率（新品銷售收入/總銷售收入）	0	1	2	3	4	5	6
E25	就業崗位率（企業平均人數/平均資產總額）	0	1	2	3	4	5	6
E26	上繳利稅率（上繳利稅總額/平均資產總額）	0	1	2	3	4	5	6

除上述定量指標，企業是否採用定性指標進行業績評價？如果有，請選出企業在哪些方面進行定性評價，並給出重視程度，1~6依次遞增。

E27	戰略管理	0	1	2	3	4	5	6
E28	發展創新	0	1	2	3	4	5	6
E29	經營決策	0	1	2	3	4	5	6
E30	風險控制	0	1	2	3	4	5	6
E31	基礎管理	0	1	2	3	4	5	6
E32	人力資源	0	1	2	3	4	5	6
E33	行業影響	0	1	2	3	4	5	6
E34	社會貢獻	0	1	2	3	4	5	6

F. 企業業績

相對於行業平均水平，貴公司最近三年平均業績的最恰當得分。答案分為6個等級：1表示遠低於行業平均水平，6表示遠高於行業平均水平，1~6程度依次遞增。

編號	企業業績	1(遠低於行業平均) → 6(遠高於行業平均)					
F1	投入產出率	1	2	3	4	5	6
F2	產品合格率	1	2	3	4	5	6
F3	及時送貨率	1	2	3	4	5	6
F4	員工滿意度	1	2	3	4	5	6
F5	產品或服務質量	1	2	3	4	5	6
F6	新產品或服務上市數量	1	2	3	4	5	6
F7	客戶滿意度	1	2	3	4	5	6
F8	市場佔有率	1	2	3	4	5	6
F9	營業利潤增長率	1	2	3	4	5	6
F10	銷售利潤率	1	2	3	4	5	6
F11	總資產收益率	1	2	3	4	5	6
F12	淨資產收益率	1	2	3	4	5	6

G. 問卷填寫人信息

請在選項前的方框中打「√」或在橫線上直接填寫。

G1. 性別：
□男　　　　□女

G2. 學歷：
□大專以下　□大專　□本科　□碩士　□博士

G3. 部門：
□會計/財務　□綜合管理　□生產製造　□人力資源
□研究開發
□項目管理　□營銷/銷售　□行政/後勤
□其他＿＿＿＿＿＿＿
G4. 職位：
□高層管理者　□中層管理者　□基層管理者
□其他＿＿＿＿＿＿＿
G5. 您在目前公司工作年限：＿＿＿＿＿＿年
G6. 您任現職年限：＿＿＿＿＿＿年

問卷填寫已完成，再次感謝您的支持與合作！

後記

　　本書是在筆者博士學位論文的基礎上修改而成的，論文的部分內容已經在學術期刊上發表。博士論文的寫作奠定了我對管理會計學術研究的基本認識，也深刻影響著我對學術研究思想的理解。因此，有必要在此向讀者介紹本書研究選題的思想來源，展示研究內容的形成過程。

　　博士論文的研究選題經歷了一個比較漫長的過程，從確定研究方向到最終的研究選題大致持續了一年時間。筆者在碩士研究生階段主要研究企業管理會計問題，並在此期間閱讀了大量的國際頂級期刊發表的管理會計論文，對管理會計研究問題有較為深入的認識，也培養了自己對企業管理會計問題的研究興趣。通過對國內外學術論文的閱讀與思考，我將研究興趣集中在企業管理控制系統問題上。恰好在博士一年級會計研究方法論課上，我向大家報告了一篇發表在 *The Accounting Review* 2007 年第 1 期的論文：*Introducing the First Management Control Systems: Evidence from the Retail Sector*，該文發現初始管理控制系統與企業戰略匹配度高的企業將獲得更好的業績。在此基礎上，

進一步閱讀了關於管理控制系統研究的實證和綜述類論文，發現這些論文有一個共同點：特別關注企業戰略與管理控制系統設計的關係。同時，安東尼和戈文達拉揚所著的《管理控制系統》一書將企業控制劃分為三個層次：戰略計劃、管理控制和營運控制，管理控制是決定如何實施戰略的過程。由此可見，管理控制系統與企業戰略具有十分緊密的聯繫，更加堅定了我探索戰略與管理控制系統之間關係的決心。反觀國內學術界有關這個問題的研究並不多，在中國的制度背景下這個問題並沒有得到應有的重視。至此，我基本上將博士論文方向鎖定在戰略與管理控制系統的關係上。但是，在與 2011 年 7 月與來訪的佐治亞理工學院 Xi（Jason）Kuang 教授交流的過程中，他建議將管理控制系統的範圍縮小，最好集中分析戰略對其中一個子系統的影響，比如業績評價系統。按照他的建議，我進一步搜集和閱讀了與業績評價系統相關的文獻，從中提煉出了一個核心主題，即業績評價指標選擇。最後，將博士論文的題目確定為：企業經營戰略與業績評價指標選擇研究。運用問卷調查方法搜集研究數據，實證檢驗業績評價指標選擇的影響因素與經濟後果。在後續的文獻閱讀過程中，我發現企業經營戰略只是業績評價指標選擇的影響因素之一，但是經營戰略是一個比較特殊的權變變量，是企業用來應對外部環境的手段。因此，我大膽地設想企業經營戰略與外部環境不是同一層次的權變變量，引入外部環境變量，細緻地考察外部環境、經營戰略與業績評價指標三者之間的關係。然後，基於代理理論和權變理論分別考察業績評價指標選擇的經濟後果，這樣三個具有內在聯繫的實證研究構成了我的博士論文的基本內容框架。

　　本書的出版既是對我過去十餘年學習與研究的階段性總結，也將開啟一段學術研究的新徵程。回顧過往的學習生涯與職業選擇，目前能夠安心在高校從事教學與研究工作，我是幸運的。

如果說自己在專業領域取得了一些進步，一路走來都離不開眾人的幫助與支持。首先，感謝我的恩師毛洪濤教授，學生取得的點滴進步都凝結著老師辛勤的指導和無微不至的關懷。老師務實的工作作風和嚴謹的治學態度潛移默化地影響著我，他不僅將專業知識毫無保留地教授於我，而且更為重要的是教會我一種追求真理的態度。這種態度將是我人生的一筆寶貴財富，將永遠激勵我奮發向上，攀登學術高峰。為了能夠給我們創造好的學術研究環境，毛老師常常犧牲自己寶貴的休息時間，與我們一起開讀書會、課題討論會等。同時，他也大力鼓勵和資助我們走出去參加高水平的學術會議，為我們搭建了廣闊的學術交流平臺，讓我們開闊了眼界、提高了學術研究水平。在平時的學習生活中，毛老師給予了我細緻入微的關心和愛護，教給了我很多做人做事的道理，讓我深刻領會了「做事先做人」的人生哲學，這將讓我終生受益。「師者，所以傳道授業解惑也」。毛老師以其執著的職業精神和追求卓越的人生態度深深感染著我，我將在以後的工作生活中踐行恩師的人生理念，為社會做出自己應有的貢獻。博士論文從選題立意到最終的修改定稿，導師都傾註了大量的心血。每次在論文遇到困難的時候，導師都耐心解答，幫我提出解決方案。在論文初稿完成之後，導師為我字斟句酌地修改。可以說，沒有導師的悉心指導，也就沒有論文的順利完成和最終的出版。

同時，也要感謝四川大學商學院干勝道教授。作為我的博士後指導老師，干老師為我的博士後研究工作提出了很多具有建設性的指導意見。他深邃的學術研究思想也帶給了我很多的學術研究靈感，他積極樂觀的生活態度也深刻地影響著我的教學研究工作。感謝西南財經大學中國管理會計研究中心的吉利老師、王新老師、鄒燕老師等，與這些老師一起研討課題、研習論文，為我的學術研究打下了紮實的方法論基礎，也給我帶

來了很多學術靈感。尤其需要感謝的是來自佐治亞理工學院的 Xi (Jason) Kuang 教授，與他的交流讓我重新認識了管理會計研究，並為我的博士論文選題提出了富有建設性的指導意見。感謝張正勇博士、周達勇博士、鄧博夫博士、何熙瓊博士、李子揚博士等，他們經常與我進行學術討論，在不同階段為我的研究工作做出過積極的貢獻。

感謝生我養我的父母，您們的養育之恩今生無以為報，願在今後的工作生活中以更優異的成績報答您們。也要感謝我的岳父岳母給予我的理解，幫助我處理了很多繁瑣的家庭事務，付出了大量的時間和辛勞照顧家中小孩。當然，也將這本書獻給我的妻子潘攀、我的女兒昕苪和我的兒子井源，你們的愛為我全身心投入教學研究工作創造了一個寬松的環境和溫暖的家庭。